Temperaturmessmethoden

Handbuch zum Gebrauch
bei praktischen Temperaturmessungen

Von

BRUNO THIEME,

Technischer Physiker

Mit 35 Figuren im Text

BERLIN W
VERLAG VON M. KRAYN
1912

LOUIS BORCHARDT
BERLIN SW. 68
LINDENSTRASSE 16-17.

Vorwort.

Die vorliegende Arbeit soll dem Zwecke dienen, die bisherigen Hauptergebnisse der Temperaturmessung darzustellen, um dadurch ein bequemeres Arbeiten und eine schnellere Orientierung für den Ingenieur zu ermöglichen.

Es ist versucht worden, zu jeder Zahl möglichst den Literaturnachweis zu geben, um für spezielle Studien einen schnellen Hinweis zu erreichen. Die Darstellung gibt daher einen Auszug aus der wichtigsten Literatur, die sich am Schlusse noch einmal zusammenhängend angeführt findet.

Berlin, im August 1912.

Der Verfasser.

Inhaltsverzeichnis.

Einleitung.

Wenn wir eine Naturerscheinung messend verfolgen wollen, so werden wir im primitiven Zustande zuerst versuchen, ob wir nicht einen unserer Sinne zur Messung verwenden können.

Wollten wir z. B. Temperaturen feststellen, so könnten wir den Umstand benutzen, daß gewisse Körper in einem bestimmten Zustand in uns ein Wärmegefühl, andere ein Kältegefühl erzeugen. Für die Temperatur an sich haben wir keinen Sinn, sondern nur für ihre Wirkung auf uns, die sich in einem Wärme- oder Kältegefühl äußert. Man würde die Körper also in warme und kalte teilen. In einer höheren Entwicklung würden dann feinere Abstufungen, wie lau, heiß, sehr kalt usw. hinzukommen, bis man schließlich entdecken würde, daß unser Wärme- resp. Kältegefühl relativ, d. h. (teilweise) von der Temperatur, in der wir uns kurz zuvor befanden, abhängig ist. Weiterhin würde man finden, daß der eine Mensch etwas für lau erklärt, was der andere für heiß hält.

Das Ziel wird demnach sein, die Wirkungen der Temperatur auf unpersönliche Körper zu beobachten und diese Wirkungen — möglichst unter Ausschaltung subjektiver Fehler — in Gesetzmäßigkeiten festzulegen.

Da die Wirkungen der Temperatur mannigfacher Art sind, so werden sich im Laufe der Zeiten sehr viele Temperaturmeßmethoden herausgebildet haben, von denen die genauesten und bequemsten als brauchbar zurückbehalten werden.

Die Bestimmung jeder Temperatur erfolgt nun mit gewissen Fehlern, die zum Teil in den Versuchsbedingungen, des weiteren aber auch in Apparaten oder Methoden selbst liegen.

Die letzteren Fehler sind durch Korrektionen oder Kunstgriffe meist bis auf weniges einzuschränken oder wenigstens ihrer Größe nach festzustellen; die Verringerung der ersteren Fehler beruht dagegen hauptsächlich auf der Erfahrenheit und Geschicklichkeit des Messenden, denn der genaueste Apparat wird erst in der Hand eines guten Experimentators zum Präzisionsinstrument.

An und für sich erscheint es sehr einfach, eine Temperatur zu bestimmen, indem ein Thermometer an die betreffende Stelle gebracht wird. So bequem ist denn die Temperaturbestimmung aber doch nicht. Das Glasthermometer ist an sich schon ein Instrument, daß erst mit viel Sachkenntnis behandelt werden muß, bevor es einigermaßen zuverlässige Werte liefert; oft ist es aber auch nicht möglich, eine Temperatur direkt am Orte zu messen.

Es ist nun nötig, daß der Ingenieur über die vielen Methoden, die zur Temperaturmessung dienen, sowie über ihre Prinzipien, Verwendungsgrenzen und Fehlerquellen, orientiert ist. Es ist nicht möglich, die richtige Meßmethode zu verwenden, wenn nicht über die geforderte Genauigkeit und über die Genauigkeit, welche eine der Methoden dann bieten kann, von vornherein Klarheit herrscht.

In Kältebetrieben hat es keinen Wert, teure Platinthermoelemente zu verwenden, die für tiefe Temperaturen unempfindlich sind; noch weniger wären optische Methoden angebracht. In Ofenbetrieben, wo die vorgeschriebene Temperatur nur um wenige Grade verlassen werden darf, muß dagegen wieder zu einem technisch durchgebildeten Thermometer gegriffen werden. Die Verwendung von Segerkegeln u. a. könnte hier die unangenehmsten Folgen zeitigen.

Gleichfalls wird man sich davor hüten müssen, die Genauigkeit zu weit treiben zu wollen. Die Temperatur in einer Gasleitung in Bruchteilen von Graden anzugeben, hieße eine Sünde gegen jede Oekonomielehre begehen, und dgl. mehr.

Wie schwer eine Temperaturangabe zu machen sein kann, zeigt uns ein Beispiel mit einer gewöhnlichen Petroleumlampe. Wie heiß sind die Abgase, welche Temperatur muß der Zylinder aushalten? Ein Thermoelement zeigt beispielsweise außen an der Zylinderwand eine Temperatur von 170^{0}, innen von 240^{0} an. Gehen wir dann mit der Thermoelementlötstelle langsam bis in die Mitte des Zylinders, so steigt die Temperatur immer schneller an, bis sie an einem ganz bestimmten Punkt der Mitte 740° erreicht, um dann wieder abzunehmen. Welches ist nun die Temperatur der Abgase? Kann hieraus ein Schluß auf die Beanspruchung des Zylinders gezogen werden? Die räumlich kleine Stelle in der Zylindermitte, an der die Höchsttemperatur herrscht, spricht hier allerdings dafür, daß eine, die Messung komplizierende Wirbelbildung in senkrecht geführten Heizleitungen stattfindet, welche die Beanspruchung der Rohre gegenüber horizontalen Leitungen, wo die Gase eine mehr gleiche Temperatur besitzen, verringert.

Zuweilen brauchen Temperaturen nur geschätzt zu werden; deshalb sei hier noch eine Uebersicht gegeben, die auch zur Einführung in das Gebiet der Messung hoher Temperaturen geeignet ist.

	Temperatur ca.
1. beginnende Glut	525°
2. dunkle Rotglut	700°
3. Kirschrot	900°
4. Orangerot	1100°
5. Gelbglut	1200°
6. Weißglut	1300°
7. blendende Weißglut (Blauglut)	1500°

Wir wollen nun noch einen kurzen Blick auf die Hauptdaten der Entwicklungsgeschichte der Thermometrie, wie unser Gebiet heißt, werfen.

Es darf uns nicht verwundern, daß der erste eigentliche Versuch, Temperaturen messend festzustellen, bereits in die Periode einer schon hoch entwickelten Wissenschaft fällt, denn zur Messung von Temperaturen bedurfte es der Festlegung von Fixpunkten, falls man nicht auf jede Verallgemeinerung der erhaltenen Werte verzichten wollte; eine derartige Festlegung von Fixpunkten erforderte jedoch ein Einverständnis von denen, die sich ebenfalls mit der Natur beschäftigten, und so hatten die Messungen von Temperaturen eine gewisse Ausbildung der Wissenschaft zur Vorbedingung.

Galilei lieferte das erste Instrument, das einigermaßen erlaubte, vergleichbare Temperaturschätzungen vorzunehmen, im Jahre 1603 für seine Vorlesungen in Padua.

Es war ein gewöhnliches Kapillarrohr, das an seinem einen Ende durch eine angeblasene Glaskugel abgeschlossen war. Die Kapillare wurde in Wasser gehalten und das Zusammenziehen der Luft bei dem Erwärmen des Gefäßes mit der Hand gezeigt.

Galilei verbesserte sein Instrument dann selbst, indem er das Steigrohr in 100 Teile teilte und Wein statt Wasser verwendete.

Sanctorius bog das Meßrohr schlangenförmig und benutzte es zur Messung an Fieberkranken und zur vergleichenden Bestimmung der von Sonne und Mond ausgesandten Wärmemengen.

1643 nahm Kircher statt Wein Quecksilber. Pascal gab 1643 an, daß die Angaben des Thermometers vom Druck abhängig sind, worauf Schott ein Differentialthermometer konstruierte, indem er beide Enden des Meßrohres mit geschlossenen Kugeln versah.

Neben diesen eigentlichen Luftthermometern finden wir bereits 1640 geschlossene Weingeistthermometer, deren Gebrauch wahrscheinlich auch Galilei zu verdanken ist.

Die Teilung des Meßrohres geschah dabei durch aufgesetzte Glastropfen; derartige um 1830 wieder aufgefundene und verglichene Thermometer stimmten so gut miteinander überein, daß sie nur nach dem gleichen Normalthermometer hergestellt sein konnten.

Wenig später traten zu den Weingeistthermometern bereits die Quecksilberthermometer.

Als Fixpunkte benutzte man (höchst ungenau) eine Mischung von Eis und Salz und die Blutwärme.

Hooke (1668) begann zuerst die Gradzählung vom Eispunkt aus, nachdem er die Inkonstanz der anderen Fixpunkte erkannt hatte.

Huygens schlägt 1665 vor, ein bestimmtes Verhältnis zwischen Meßrohr- und Gefäßvolumen festzusetzen, sowie die Zählung der Grade vom Eispunkte oder vom Siedepunkte aus zu beginnen.

Jedoch verdanken wir erst Fahrenheit die Konstruktion wirklich brauchbarer Quecksilberthermometer. Den durch Mischung von Salmiak mit Eis und Wasser erhaltenen unteren Fixpunkt bezeichnete er mit Null, die Blutwärme als zweiten Fixpunkt mit 96. Der Eispunkt kam dann auf den Teilstrich 32.

Fahrenheit fand auch bereits, daß der Siedepunkt des Wassers vom Luftdruck abhängig ist.

Réaumur (1730) beobachtete, daß mit $^1/_5$ Wasser versetzter Alkohol eine scheinbare Volumenvergrößerung von 80 ‰ erfuhr, wenn er von der Temperatur des Eispunktes auf die des siedenden Wassers erhitzt wurde. Er teilte deshalb für dieses Intervall seine Thermometer in 80 Grade. Eine später von ihm vorgenommene, nicht mitgeteilte Aenderung der Gradeinteilung brachte große Verwirrung in den Literaturangaben hervor.

De L'Isle, Ducrest u. a. probierten nun an der Skala umher, bis Celsius zuerst die von Linné vorgeschlagene hundertteilige Skala im Jahre 1740 benutzte, und zwar wurde der Siedepunkt mit Null, der Eispunkt mit $+100$ bezeichnet.

Lambert kehrte nun, nachdem die Thermometrie bereits eine gesunde Grundlage zeigte, zu dem Luftthermometer zurück. Er benutzt bei Bestimmung der Luftausdehnung schon die Korrektionen wegen der Ungleichheit des Manometerkalibers, der Luftspannungsänderungen und der Dichteänderung des Quecksilbers mit der Temperatur. Er bemerkt als erster, daß die Weingeist-, Quecksilber- und Luftausdehnung voneinander verschieden ist, wodurch sich beim Vergleiche notwendige Korrektionen ergeben.

Nach einem gewissen Stillstand in der Entwicklung der Thermometrie treffen wir 1837 auf Rudbergs sorgfältige Bestimmungen des Spannungs- und Ausdehnungskoeffizienten der Luft.

1840 bestätigten Magnus und Regnault die Resultate von Rudberg und stellten große Abweichungen zwischen den Ausdehnungskoeffizienten von Gasen und Dämpfen, sowie zwischen den Ausdehnungs- und Spannungskoeffizienten als solchen fest.

Des weiteren wurde nun dem verwendeten Glase in bezug auf Zusammensetzung und Eigenausdehnung, sowie der Kompressibilität der Flüssigkeiten Beachtung geschenkt; dadurch gelangte man schon fast vollständig zu den heute üblichen theoretischen Reduktionen der Thermometerangaben.

Regnault, Pierre und Berthelot gelangten in der Verfeinerung der Thermometerkonstruktionen so weit, daß die Thermometer bereits bis auf Bruchteile von Zehntelgrade genaue Resultate zu liefern imstande waren.

Helmholtz förderte die Luftthermometrie um ein bedeutendes in seiner Schrift über die Erhaltung der Kraft, wodurch das theoretische Verständnis der Wärmevorgänge vermehrt und von Thomson und Joule ausgebaut werden konnte.

In den sechziger Jahren begannen darauf die bedeutenden mechanischen Verbesserungen der Thermometer und ihrer Eichungsmethoden; so wurden durch Arbeiten im Kiewer Observatorium die thermischen Nachwirkungen des Glases wesentlich eingeschränkt. Man begann nach brauchbaren Gläsern zu suchen, fand sie zuerst im Thüringerglase, dann nach den bedeutenden, systematischen Untersuchungen über Glaszusammensetzung von Schott in Jena in den Jenaergläsern 16^{III} und 59^{III} (vgl. F. Wiebe, Ztschr. f. Instrumentenkunde, p. 167; 1886).

Wissenschaftlich einwandfrei wurden die Thermometer, nachdem zuerst die Seewarte in Hamburg, dann die Normaleichungskommission zu Berlin, sowie die Physikalisch-Technische Reichsanstalt zu Charlottenburg und die Thermometerprüfstation Ilmenau, die beglaubigte Eichung von Thermometern unternahmen.

Von Amerika gingen dann die Versuche aus, die Quecksilberthermometer auch für höhere Temperaturen brauchbar zu gestalten.

Durch die in den Prüfungsanstalten zur genauen Eichung nötigen Untersuchungen erfuhr dann auch die Thermometrie große Fortschritte. Die im Bureau international des poids et mesures zu Paris angestellten Untersuchungen am Gasthermometer führten dann zu der Feststellung der fast vollständigen Uebereinstimmung der Skala des Wasserstoffthermometers und der theoretischen thermodynamischen Skala, so daß hierin ein weiterer Fortschritt der praktischen Anwendbarkeit der Thermometer gesehen werden darf. —

Bei den mannigfaltigen Beziehungen und Abhängigkeiten der physikalischen Erscheinungen um uns zur Temperatur muß es verständlich erscheinen, wenn versucht worden ist, auch andere physikalische Tatsachen als die thermische Ausdehnung, die mit der Temperatur im funktionalen Zusammenhange stehen, zur Temperaturmessung heranzuziehen. Vornehmlich begegnen wir da den elektrischen und optischen Methoden.

Nachdem 1821 die Thermoströme entdeckt waren, schien es ein leichtes, sie zur Messung hoher und höchster Temperaturen zu verwenden; jedoch mußte eine Gewißheit die hochgespannten Erwartungen etwas mindern: die erhaltenen Gesetze der Thermoströme waren empirisch, d. h. durch Versuche, gefunden. Wer konnte wissen, ob die für einen bekannten Temperaturbereich gefundene Kurve auch in der Fortführung ihres voraussichtlichen Verlaufes in den darüberliegenden Temperaturen galt? So ist die Entwicklung der elektrischen Methoden in gewissem Sinne bis heute abhängig geblieben von der Entwicklung der ursprünglichen Methoden der Temperaturmessung, wenngleich ihre Anwendungsmöglichkeit innerhalb der sicheren Grenzen die alten Methoden ergänzt und zuweilen weit übertrifft.

Das gleiche Bild haben wir bei den optischen Methoden, wo wir auch durch Extrapolieren in ein unbekanntes Gebiet hinein gewagte Werte erhalten.

Beginnen mußten die optischen Temperaturmessungen mit der Tatsache der Ausbreitung des Spektrums von Rot her mit der allmählichen Temperatursteigerung eines glühenden Körpers. Heute benutzen wir mannigfaltige Methoden, die oft ebenbürtig nebeneinander stehen, und für deren endgültige Verwendbarkeit die bequeme Handhabung keine geringe Rolle spielen wird.

Eine Geschichte von der Entwicklung der optischen Methoden zu geben, hieße diese selbst beschreiben, da die Methoden noch zu jung sind, um schon eine Vergangenheit zu haben; es sei daher für die elektrischen und optischen Methoden auf die betreffenden Kapitel selbst verwiesen, wo die einzelnen Konstruktionen mit ihren fortlaufenden Verbesserungen angegeben sind.

Im übrigen bietet das Literaturverzeichnis ein ungefähres Bild der besonders in dem letzten Jahrzehnt geleisteten, ungeheuren Arbeit. Vor der früheren Zeit haben wir den großen Vorteil voraus, daß wir gelernt haben, eine neue Arbeit wissenschaftlich und praktisch zugleich anzufassen; außerdem stehen uns in dem größeren Menschenmaterial und den völkerverbindenden Beziehungen viel größere Mittel zur schnellen Erreichung gesteckter Ziele zur Verfügung.

So brachten es die letzten Jahre mit ihrem, durch die großen Forschungsarbeiten auf diesem und dem Strahlungsgebiete allgemein hervorgerufenen Interesse dahin, daß noch sehr viele andere, mehr oder weniger außerhalb der bisherigen Abteilungen liegende Methoden der Temperaturmessungen aufgebracht wurden. Es ist versucht worden, ihnen allen gerecht zu werden, trotz des beschränkten Raumes; man sehe darin nicht eine unnötige Arbeit, da doch erst wenige der neueren und neuesten Methoden von anderen als ihren Entdeckern wirklich benutzt wurden, so daß ihnen noch der Ritterschlag der dauernden praktischen Brauchbarkeit fehlt.

Flüssigkeitsthermometer.

Benutzen wir zur Messung von Temperaturen die Volumänderung von Flüssigkeiten mit der Temperatur, so ist diese beobachtete Ausdehnung in der Hinsicht nur eine scheinbare, als sich auch der Körper, der die sich ausdehnende Flüssigkeit einschließt, in seiner Form verändert.

Da jedoch die Ausdehnung fester Körper im Vergleich zu der flüssiger Körper wesentlich geringer ist, so wird noch eine relativ große Volumänderung der Flüssigkeit übrig bleiben, die nun zur Temperaturmessung verwendet werden kann.

Es sei V'_0 das Volumen, das die Flüssigkeit bei 0^0 im Gefäße und in dem damit verbundenen (verengerten) Meßrohr einnimmt.

Das Volumen des entsprechenden Hohlraumes der Hülle sei V_0, so ist

$$V'_0 = V_0.$$

Wird Gefäß und Meßrohr (Kapillare) mit der Flüssigkeit auf die Temperatur des gesättigten Wasserdampfes unter dem Normaldruck von 760 mm Quecksilber erwärmt, so ist, wenn der mittlere Ausdehnungskoeffizient der Hülle H und der Flüssigkeit F ist, zwischen den angegebenen Temperaturen von 0^0 und 100^0 das Volumen der in die Kapillare eingetretenen Meßflüssigkeit

$$V_0 (1 + 100 F) - V_0 (1 + 100 H).$$

Sind n_0 und n_{100} die den Indexen entsprechenden Ablesungen am Meßrohr, und ist v_0 das bei 0^0 von zwei Teilstrichen der Röhre eingeschlossene Volumen, so ist das Volumen der eingetretenen Flüssigkeit auch gleich

$$v_0 (n_{100} - n_0) (1 + 100 H).$$

Bei einer beliebigen Temperatur T ist dann

$$V_0 (1 + f . T) - V_0 (1 + h . T) = v_0 (n_T - n_0) (1 + h . T),$$

wenn f und h die mittleren Ausdehnungskoeffizienten der Flüssigkeit und der Hülle zwischen den Temperaturen 0 und T bedeuten, deren Ablesungen n_0 und n_T sind.

Es besteht nun die Beziehung

$$\frac{t}{100} = \frac{n_T - n_0}{n_{100} - n_0},$$

welche auf den folgenden Voraussetzungen beruht:

1. Gleichen Meßrohrlängen entsprechen bei derselben Temperatur gleiche Volumina.
2. Der äußere oder innere Druckwechsel bedingt keine Volumenänderung.
3. Die den Temperaturen 0 und 100 entsprechenden Volumina sind einwandfrei beobachtet und konstant.

Sind diese Bedingungen erfüllt, so gibt ein Flüssigkeitsthermometer die Temperatur nach der Beziehung

$$t = 100 \cdot \frac{n_T - n_0}{n_{100} - n_0} = T \cdot \frac{(f - h)\ (1 + 100\,H)}{(F - H)\ (1 + h\,T)}.$$

Die Gangdifferenz zweier Flüssigkeitsthermometer hängt also davon ab, welche Aenderungen die scheinbaren Ausdehnungskoeffizienten mit der Temperatur erleiden. Außerdem bedingt die Ausdehnung des Meßrohres Korrektionen.

Kleine Verschiedenheiten in der Reinheit der verwendeten Flüssigkeiten geben auch zu Gangdifferenzen Anlaß. Daher ist eine möglichst geeignete Flüssigkeit zu wählen, um genügende Messungen mit einem Flüssigkeitsthermometer ausführen zu können.

1. Quecksilberthermometer.

Prinzip.

Eine in erster Linie als thermometrische Flüssigkeit geeignete Substanz ist das Quecksilber, da es das Glas nicht benetzt, eine geringe spezifische Wärme, gute Leitfähigkeit, gleichförmige Ausdehnung besitzt, Verunreinigungen leicht an seinem physikalischen Verhalten bemerken läßt und während eines verhältnismäßig großen Temperaturintervalles flüssig bleibt. —

Füllen wir in eine am Ende durch eine Kugel geschlossene Kapillare Quecksilber, so können wir das Steigen oder Fallen der Quecksilberkuppe in der Kapillare bei verschiedenen Temperaturen mit Hilfe eines fixierten Maßstabes feststellen.

Bestimmung der Fixpunkte.

Um erhaltene Werte auf andere Messungen beziehen zu können, müssen wir zwei, jederzeit leicht herstellbare Fixpunkte kennzeichnen, die unter allen Umständen die gleichen Werte haben.

Praktisch kann man sich zwei Fixpunkte schaffen in dem Gefrier- und Siedepunkt des Wassers. Teilt man die zwischengelegene Strecke in 100 Teile, so haben wir ein Quecksilberthermometer nach Celsius. Die Bestimmung des Siedepunktes (die aus später zu besprechenden Gründen zuerst erfolgen soll) müßte in den Dämpfen reinen Wassers, das unter Normaldruck siedet, stattfinden.

Normaldruck ist 760 mm Quecksilberdruck (Barometerstand) bei 0° Celsius und 45° Breite im Meeresniveau.

Da der Normaldruck meistens nicht vorhanden ist, benutzt man am einfachsten die nachfolgende Tabelle:

Druck in mm	Siedepunkt	Druck in mm	Siedepunkt
740	99,255	756	99,852
741	293	757	888
742	330	758	926
743	369	759	963
744	406	760	100,000
745	443	761	037
746	481	762	074
747	518	763	110
748	555	764	147
749	593	765	183
750	631	766	219
751	667	767	257
752	704	768	293
753	740	769	330
754	778	770	366
755	815	771	402

Für den Barometerstand h berechnet sich t zwischen h = 720 mm und 775 mm. Außerdem nach der Formel

$$t = 100^0 + 0{,}0375^0 \,.\, (h - 760).$$

Das Hineinbringen des Thermometers erfolgt in den nachstehenden Gegenstromapparat.

Ist ein innerer Ueberdruck in demselben zu befürchten (wenn A und B eng sind), so bringt man bei A oder B ein kleines Wassermanometer an, dessen angezeigten Druck man

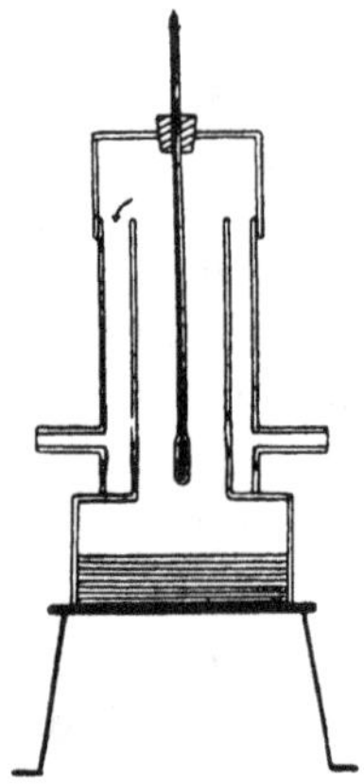

Fig. 1.

zu dem Barometerstand hinzu addiert, nachdem man ihn auf Quecksilbersäule umgerechnet hat ($^1/_{14}$ vom Wasserdruck in mm). Durch Veränderung der Röhrenöffnungen ist es somit auch gegeben, den Normaldruck wirklich herzustellen, falls der augenblickliche Barometerstand tiefer ist. Der angegebene Apparat ist zwar die einfachste Konstruktion, genügt jedoch vollständig für praktische Zwecke.

Das Kapillarrohr läßt man bis zur Quecksilberkuppe vom Dampf umspült werden (evtl. durch Aufsetzen eines innen leicht eingefetteten Glasgehäuses für die Ablesung).

Man benutzt, um Ueberhitzung zu vermeiden, eine kleine Flamme und eine große Wassermenge.

Den Nullpunkt bestimmt man folgendermaßen: Man senkt das Thermometer bis über die Quecksilberkuppe in ein Ablaufgefäß mit reinem Schnee oder geschabtem reinen Eise.

Dann setzt man soviel destilliertes Wasser hinzu, daß alle Zwischenräume ausgefüllt sind. Die Schmelzpunkte für verschiedene Kältemittel sind die folgenden:

	Schmelzpunkt
Reiner Schnee + destilliertes Wasser . . .	— 0,0004°
Eis von luftfreiem, chemisch reinem Wasser.	0,0000°
Geschabtes Natureis	— 0,0017°
Kunsteis aus dest. Wasser + dest. Wasser .	— 0,0017°

(Gekauftes Kunsteis enthält meist schädliche Salze!)

Man entfernt soviel Eis vom Thermometer, daß die Kuppe gerade gut zu beobachten ist. Diese fällt nach Einbringen des Thermometers, erreicht einen Tiefstand und beginnt nach einiger Zeit wieder zu steigen. Der tiefste Stand ist als Nullpunkt zu markieren.

Fehlerquellen.

Außerhalb des Intervalles 0° bis 100° haften dem Quecksilberthermometer größere Fehler an, die eine Unsicherheit in der Temperaturbestimmung zur Folge haben. Jedoch auch innerhalb des Intervalles müssen bei der Bestimmung gewisse Fehlerquellen in Betracht gezogen werden.

Ein häufiger Grund für falsche Werte liegt in den Ablesefehlern. Es gehört eine gewisse Uebung dazu, $^1/_{10}$ Teilstriche zu schätzen, doch wird man nach Probieren an einem Nonius die Werte annähernd richtig angeben können. Diese Genauigkeit wird jedoch leicht durch Parallaxe aufgehoben.

Man kann die Parallaxe durch Verwendung eines Spiegels hinter der Skala oder eines genau parallel verschiebbaren Ablesefernrohres umgehen. Bei Stabthermometern genügt auch das Mittel aus den beiden Ablesungen des um 180° achsial gedrehten Thermometers. Besonders sorgfältig sind Ablesefehler bei Messungen von kleinen Standänderungen der Quecksilberkuppe zu vermeiden. Machen wir bei einer Standänderung von 2° beidemal sich addierende Fehler von nur $^1/_{50}$°, so beträgt der Fehler der Messung bereits 2%.

Kaliberkorrektion. Bei gelieferten Thermometern darf man sich nicht vertrauensvoll auf die richtige Einteilung der Skala verlassen. Die Teilstriche können bei einer an sich richtigen Kapillarröhre ungleich weit entfernt sein; umgekehrt kann die Teilung richtig und die Kapillarröhre unregelmäßig sein. Dieser letzte Fall wird sogar häufiger vorkommen, da die mechanische Herstellung der Teilung für die gleichen Abstände eine gewisse Gewähr bietet.

Man bestimmt bei einem Thermometer zuerst die Fixpunkte und sucht dann den zwischenliegenden Teil in 100 genaue Längenteile zu teilen. Dann erst nimmt man die Kapillarkorrektionen vor, d. h. man bestimmt die Volumskala. Diese Kaliberkorrektionen gelten, einmal gemacht, für immer. Dazu kommen noch die Fehler, die sich aus den später zu besprechenden Verschiebungen der Fixpunkte ergeben.

Zum Zwecke der Kaliberkorrektion löst man sich für Thermometer zwischen 0° und 100° einen Quecksilberfaden von ca. 20°, für höhere Temperaturen einen Faden von ca. 50° Länge, ab. Die neueren guten Thermometer enthalten keine Kapillaren, die genauerer Kalibermethoden bedürften.

Der Eispunkt liege bei $0^{\circ} - p_0$, der Siedepunkt bei $100^{\circ} + p_1$. Die Länge des abgetrennten Fadens beobachtet man mit der Lupe; sie betrage z. B. 20°.

Man bringt nun den Faden auf die Teilstriche 0° bis 20°, dann auf 20° bis 40°, und so fort. Die Länge an den zugehörigen Stellen der Kapillare sei $20^{\circ} + \delta_1$, $20^{\circ} + \delta_2$, ... $20^{\circ} + \vartheta_n$.

n ist in unserem Falle gleich $\frac{100}{20}$.

Die Korrektionen ergeben sich für die einzelnen Kapillarintervalle von 20° nun folgendermaßen: Es sei

$$r = \frac{p_0 - p_1 + \delta_1 + \delta_2 + \ldots \delta_n}{n},$$

dann ist

$$\begin{array}{lll} -p_0 & \text{die Korrektion für} & 0^{\circ}, \\ r - p_0 - \delta_1 & \text{,, \quad ,, \quad ,,} & 20^{\circ}, \\ 2r - p_0 - \delta_1 - \delta_2 & \text{,, \quad ,, \quad ,,} & 40^{\circ}, \end{array}$$

u. s. f.

Entsprechend verfährt man für höhere Temperaturen über 100°, nur nimmt man, wie erwähnt, statt des Fadens von 20° einen solchen von 50° Länge. Die erhaltenen Werte trägt man sich in Form einer Kurve auf, aus der dann die Korrektionen für zwischenliegende Grade zu interpolieren sind.

Der bei kontinuierlichen Temperaturänderungen auftretenden Erscheinung der sprunghaften Aenderung des Kuppenstandes suchen J. Duclaux und A. Hamelin[1]) dadurch zu begegnen, daß sie über die Quecksilberkuppe etwas angesäuertes Wasser schichten, wodurch der Randwinkel zwischen Quecksilber und Glas dann bei allen Standänderungen den Wert 0 beibehält.

R e d u k t i o n s f a k t o r (Gradwert). Es soll sich hieran die Ermittlung des Reduktionsfaktors eines Thermometers schließen.

Das kalibrierte Thermometer zeige im Dampf den Siedepunkt s, im Schnee den Eispunkt e. Der auf 0^0 bei der Ablesung reduzierte Barometerstand sei h. Der wahre Barometerstand (geogr. Breite $\varphi = 45^0$ und Meereshöhe $f = 0$) sei b. Dann ist

$$b = h - h\,(0{,}002648 \,.\, \cos 2\,\varphi + 0{,}000000314 \,.\, f),$$

f und φ an dem Orte gemessen, wo s und e des Thermometers bestimmt werden. Mit Hilfe des nun gefundenen Wertes von b bestimmt man den wahren Siedepunkt aus der Tabelle oder der Formel, die oben unter Fixpunktbestimmung angegeben ist.

Der wahre Siedepunkt sei s_1. Dann ist der Reduktionsfaktor des Thermometers

$$r = \frac{s_1}{s - e}.$$

Mit diesem konstanten Reduktionsfaktor ist jede (nach der Kaliberkurve korrigierte) Ablesung zu multiplizieren, um den wahren Temperaturwert zu erhalten. Der Fehler durch Vernachlässigung dieser Korrektion kann bei 100^0 schon $^1/_{10}$% betragen.

H e r a u s r a g e n d e r F a d e n. Die Ablesungen am Thermometer sollen gelten, wenn sich Gefäß und Quecksilberfaden in dem zu messenden Raum befinden. Nun ist es jedoch oft nötig, den Faden außerhalb dieser Temperatur zu lassen. Dann können wir nachstehende Formel zur Korrektion verwenden: Es ist die wahre Temperatur

$$t_w = t + a \,.\, \omega\,(t - t_m).$$

t ist die abgelesene (korrigierte) Temperatur,
a die Anzahl der herausragenden Grade des Quecksilberfadens,

[1]) J. Duclaux et A. Hamelin. Journ. de Phys. 9, 600; 1910.

ω der scheinbare Ausdehnungskoeffizient des Quecksilbers im Glase,

t_m die mittlere Temperatur des herausragenden Fadens.

t_m kann man bestimmen, indem die Temperatur in mittlerer Höhe des Fadens mit einem zweiten Thermometer abgelesen wird, oder indem die Thermometerröhre mit einer Flüssigkeit umgeben wird, deren Temperatur man bestimmt. Da der Quecksilberfaden mit dem Gefäß in gut leitender Verbindung steht, muß korrekterweise das zweite Thermometer um ein weniges dem Gefäß des ersten Thermometers näher sein als der Kapillarkuppe.

Am genauesten wird die Bestimmung, wenn man ein Fadenthermometer benutzt[1]). Man kann bei 100° für je 1° des herausragenden Fadens rund 0,01° als Fadenkorrektion annehmen, bei 200° rund 0,02°, für noch höhere Temperaturen verhältnismäßig mehr. Doch kann die Fadenkorrektion z. B. bei 500° schon 0,07° betragen, allerdings nur bei größeren Längen des herausragenden Fadens.

Für ω ist bei Jenaer Normalglas 16^{III} der Wert 0,00015712 zu setzen $\left(\frac{1}{6300}\right)$. Für Jenaerglas 59^{III} der Wert 0,000163 $\left(\frac{1}{6100}\right)$.

Der durch den vorstehenden Faden bedingte Fehler wächst mit der Temperatur; meist nimmt man t_m etwas zu klein an, so daß ω (nach Holtzmann) passender gleich 0,000135 gesetzt wird; dann ist das Thermometer jedoch in die Mitte des herausragenden Fadens zu bringen. Das Thermometer muß vor den Ablesungen lange genug von der Temperatur umspült sein, so daß anzunehmen ist, daß alle seine Teile einen konstanten Temperaturwert angenommen haben.

Korrektionswerte bei Normalthermometern (Stab- und Einschlußthermometern) mit Teilung von 0—100°, in $^1/_{10}$° geteilt. Gradlänge ca. 4 mm; Glas 16^{III}. (Nach Rimbach, Ztschr. f. Instr. 10, 153; 1890.)

n Länge des herausragenden Fadens in Graden.

T die abgelesene Temperatur.

t Temperatur der äußeren Luft, gemessen in 10 cm Abstand von dem Faden in mittlerer Höhe.

Die Werte sind der Ablesung hinzuzufügen. Die Korrektionen unter 1° sind auf zwanzigstel, diejenigen über 1° auf zehntel Grade abgerundet worden.

---

[1]) Mahlke, Ztschr. f. Instr. 13, 58—62; 1893.

T−t=	30°	35°	40°	45°	50°	55°	60°	65°	70°	75°	80°	85°	=T−t
n = 10	0,05	0,05	0,05	0,05	0,05	0,05	0,05	0,05	0,1	0,1	0,1	0,1	10
20	0,1	0,1	0,15	0,15	0,15	0,15	0,15	0,2	0,2	0,2	0,2	0,25	20
30	0,2	0,2	0,25	0,25	0,25	0,25	0,25	0,30	0,30	0,35	0,35	0,35	30
40	0,3	0,3	0,30	0,35	0,35	0,35	0,40	0,40	0,45	0,45	0,50	0,50	40
50	0,35	0,4	0,40	0,40	0,45	0,45	0,50	0,50	0,55	0,55	0,60	0,65	50
60	0,45	0,5	0,50	0,55	0,55	0,55	0,60	0,65	0,65	0,70	0,75	0,80	60
70						0,65	0,70	0,70	0,75	0,80	0,85	0,90	70
80							0,75	0,80	0,85	0,95	1,00	1,10	80
90								0,90	1,00	1,10	1,10	1,20	90
100									1,10	1,20	1,30	1,30	100

Korrektionen für den herausragenden Faden bei Quecksilberstabthermometern von 0°—360°. Gradlänge 1 bis 1,6 mm; Teilung in $^1/_1$°; Glas 59 III.

T−t=	70°	80°	90°	100°	110°	120°	130°	140°	150°	160°	170°	180°	190°	200°	210°	220°
10	0	0,05	0,05	0,05	0,1	0,1	0,1	0,15	0,2	0,2	0,2	0,25	0,3	0,35	0,35	0,4
20	0,15	0,15	0,2	0,2	0,25	0,3	0,3	0,4	0,45	0,45	0,5	0,55	0,55	0,6	0,65	0,65
30	0,25	0,3	0,35	0,4	0,45	0,5	0,55	0,6	0,65	0,7	0,75	0,8	0,85	0,9	0,95	0,95
40	0,35	0,4	0,5	0,55	0,6	0,7	0,75	0,8	0,9	0,95	1,0	1,0	1,1	1,2	1,2	1,3
50	0,45	0,55	0,6	0,7	0,8	0,9	0,95	1,0	1,1	1,2	1,2	1,3	1,4	1,4	1,5	1,6
60	0,55	0,65	0,75	0,9	1,0	1,1	1,2	1,2	1,3	1,4	1,5	1,6	1,7	1,7	1,8	1,9
70	0,7	0,8	0,9	1,1	1,2	1,3	1,4	1,5	1,6	1,7	1,8	1,9	1,9	2,0	2,1	2,2
80	0,8	0,9	1,0	1,2	1,4	1,5	1,6	1,7	1,8	1,9	2,0	2,1	2,2	2,3	2,4	2,5
90	0,9	1,0	1,2	1,4	1,6	1,7	1,9	2,0	2,1	2,2	2,3	2,4	2,5	2,6	2,8	2,9
100	1,0	1,2	1,3	1,6	1,8	2,0	2,1	2,2	2,3	2,4	2,6	2,7	2,8	2,9	3,1	3,2
110				1,8	2,0	2,2	2,3	2,4	2,5	2,7	2,8	3,0	3,1	3,3	3,4	3,6
120				2,0	2,2	2,4	2,6	2,7	2,8	2,9	3,1	3,3	3,4	3,6	3,7	3,9
130					2,4	2,7	2,8	2,9	3,0	3,2	3,4	3,6	3,7	3,9	4,1	4,3
140					2,7	2,9	3,1	3,2	3,3	3,5	3,7	3,9	4,0	4,2	4,4	4,6
150									3,5	3,7	4,0	4,1	4,3	4,6	4,8	5,0
160									3,7	4,0	4,2	4,5	4,7	4,9	5,1	5,4
170									4,0	4,3	4,5	4,8	5,0	5,2	5,5	5,8
180									4,3	4,5	4,8	5,1	5,3	5,6	5,9	6,1
190												5,4	5,6	5,9	6,2	6,5
200												5,7	6,0	6,3	6,6	6,9
210													6,3	6,7	7,0	7,3
220													6,7	7,0	7,4	7,7

Druckkorrektionen. Auf das Thermometergefäß wirken zwei Drucke: der Luftdruck von außen, der Quecksilberdruck von innen. Die Aenderung der Kuppeneinstellung in Graden Celsius bei einer Druckänderung von 1 mm Quecksilber des äußeren, bzw. inneren Druckes sei der Druckkoeffizient γ_a, bzw. γ_i. Die durch diese Aenderungen hervorgerufenen Fehler in den Angaben eines feinen Thermometers in höheren Temperaturen sind bedeutend, besonders bei Vernachlässigung des inneren Druckes (bis $^1/_5{}^0$).

Zu den Angaben des Thermometers ist deshalb eine Größe d hinzuzufügen, die sich bestimmt aus

$$d = \gamma_i \cdot \sin\alpha \cdot h_\chi - \gamma_a (b_0 - 760).$$

h_χ ist die Höhe der Quecksilberkuppe über der Mitte des Thermometergefäßes.

b_0 ist der auf 0^0 reduzierte Barometerstand.

$\sin\alpha$ ist bei senkrechtem Eintauchen des Thermometers $= 1$ ($\alpha = 90^0$).

γ_a bestimmt man, indem das Thermometer zuerst in einem luftleeren (Druck b_v gemessen in mm Hg) Raum und dann bei dem Barometerstand b_0 abgelesen wird.

Es ist dann

$$\gamma_a = \frac{\text{Ablesung bei } b_0 - \text{Ablesung bei Vacuum}}{b_0 - b_v}.$$

Um γ_i zu finden, bringt man das Thermometer in eine senkrechte Lage, mißt h_χ und liest ab (t_1). In genau horizontaler Lage zeige es die Temperatur t_2.

Dann ist

$$\gamma_i = \frac{t_2 - t_1}{h_\chi}.$$

Sollte bei empfindlichen Thermometern die Tiefe des Eintauchens in eine Flüssigkeit einen Einfluß auf die angezeigte Temperatur haben, so muß dieser empirisch festgestellt werden.

γ_a hat je nach der Dicke der Wandungen einen Wert von $0{,}0001^0$ bis $0{,}0004^0$.

γ_i ist im allgemeinen um 0,000015 größer als γ_a, besonders wegen der im Innern fast stets vorhandenen Reste von Luft oder Dampf. Sollte die Bestimmung von γ_a wegen des Vakuums zu umständlich sein, so kann zur Not die angedeutete Beziehung zur Bestimmung von γ_a verwendet werden.

G l a s n a c h w i r k u n g e n. Glas zeigt thermische Nachwirkungen, d. h. im Laufe der Zeit rückt der Nullpunkt einige Zehntelgrade höher, ehe er einen konstanten Wert erreicht. Man kann diesen Umstand dadurch beschleunigen, daß man das Thermometer zwei Tage lang auf seiner höchsten Temperatur hält und dann langsam abkühlt (künstliches Altern).

C. Dickenson[1]) gibt an, daß die Alterung, die auch vor der Füllung geschehen kann, 4—10 Tage bei 450° dauern soll, und daß die Abkühlung in 3—4 Tagen stetig erfolgen muß. Kleine Aenderungen kommen bei hoher Temperatur noch vor. Die Aenderung des Fundamentalintervalles 0° bis 100° beträgt ca. 3% von der des Eispunktes.

Der Eispunkt hat beim Ablesen überhaupt keinen ganz bestimmten Wert, sondern hängt davon ab, unter welchen Umständen das Thermometer zuvor gewesen ist.

Ein Erwärmen des Thermometers läßt nach dem Abkühlen eine Erweiterung des Gefäßes und damit einen tieferen Stand des Nullpunktes zurück. Diese Depression des Nullpunktes hat für jede Temperatur einen anderen maximalen Wert, den man den maximal deprimierten Eispunkt der betreffenden Temperatur nennt. Die maximale Depression ist fast dem Quadrate der Temperatur proportional.

Um die Fixpunkte zu kontrollieren, läßt man daher das Thermometer längere Zeit (30 bis 60 Minuten) in einem Bad von 100° und bestimmt dann den Nullpunkt (den für 100° maximal deprimierten Eispunkt). Dieser muß dann, wenn die Fixpunkte unverändert geblieben sind, immer derselbe sein (man achte evtl. auch darauf, ob die Skala gut befestigt [angeschmolzen] ist). Aus diesem Grunde bestimmt man bei der Fixierung der Fundamentalpunkte zuerst den Siedepunkt und dann gleich darauf den Eispunkt.

Wegen der Depression findet man die wahre Temperatur eines Körpers, wenn von der abgelesenen (korrigierten) Temperatur der gleich darauf bestimmte maximal deprimierte Eispunkt abgezogen wird. Die geringste Depression ergab Jenaerglas 18^{III}, dann Jenaer Normalglas 16^{III}.

Wegen seiner günstigen Eigenschaften verwendet man für Thermometer am vorteilhaftesten das letztere Glas (maximal deprimierter Eispunkt für 100° ca. 0,06).

---

[1]) C. Dickenson, Bull. of the Bur. of Stand. 2, 189; 1906.

Da das Glas einige Zeit gebraucht, um die Temperatur des Meßbades anzunehmen, lasse man dem Hineinbringen des Thermometers die Ablesungen erst nach einiger Zeit folgen.

Da wir die Temperatur eines Körpers nur mit der scheinbaren Ausdehnung des Quecksilbers, d. h. Quecksilberausdehnung minus Glasausdehnung, messen und außerdem für jedes Thermometer den maximal deprimierten Eis- und Siedepunkt empirisch bestimmen, fällt der Einfluß der Glasausdehnung fort und kann erst bei den (ungenaueren) Thermometern für höhere Temperaturen wegen seiner Unregelmäßigkeit in Betracht kommen.

In den sogenannten Kompensationsthermometern wird die Nullpunktsdepression dadurch vermieden, daß in das Thermometergefäß aus einem Glase mit kleiner Depression (Jenaerglas 16^{III} oder 59^{III}) ein Glasstäbchen mit hoher Depression eingeschmolzen wird; die Volumina von Gefäß und Stäbchen stehen dabei natürlich in einem bestimmten Verhältnis (Kompensationsverhältnis), und zwar muß dieses Verhältnis sich notwendig mit der Höhe der Temperatur ändern. Das hat zur Folge, daß die Kompensationsthermometer nur in einem ganz bestimmten Temperaturbereiche keine Nullpunktsdepression zeigen, diese aber wieder berücksichtigt werden muß, wenn das Thermometer außerhalb dieses Bereiches ist.

So gibt z. B. ein Thermometer aus Jenaerglas 16^{III} mit einem Stäbchen aus Jenaerglas 335^{III} im Verhältnis 1 : 12 und 1 : 10 kompensiert, praktisch bis 200^{0} genügende Kompensation. Sollte dann z. B. im Gebiet 200^{0}—300^{0} eine Kompensation stattfinden, so müßte das Kompensationsverhältnis 1 : 4 sein, wobei dann aber das Gebiet 0^{0}—200^{0} natürlich wieder unkompensiert sein würde.

Zurückbleiben des Fadens. Ist die zu messende Temperatur höher als die bisherige Temperatur des Quecksilbers, so bleibt die Quecksilberkuppe etwas zurück und umgekehrt. Durch Klopfen vor jeder Ablesung kann man den Fehler vermeiden; evtl. liest man zuerst ab, erhitzt dann das Thermometer über die zu messende Temperatur hinaus und bringt es dann wieder in das Bad. Nach nochmaligem Erschüttern erfolgt die zweite Ablesung. Aus beiden Werten ist das Mittel zu nehmen.

Die Erscheinung tritt besonders stark bei Thermometern mit feinen Kapillaren auf und hat ihren Grund in der sprunghaften Aenderung des Randwinkels Quecksilber — Glas. Es ist versucht worden[1]) durch Ueberschichten von angesäuertem Wasser auf das Kapillarquecksilber dem Uebelstande zu begegnen. Das Thermometer trägt dann, um elektrokapillaren Einflüssen zu entgehen, am Kapillarende eine quecksilbergefüllte Erweiterung, die mit dem Kapillarquecksilber durch einen außen geführten Draht leitend verbunden ist.

Skalenkorrektionen. Für Thermometer mit Metall- oder Milchglasskalen ergeben sich die durch die Verschiedenheit der Ausdehnung bedingten Korrektionen aus der Formel

$$c = -(s - x)(l - v) \, . \, t \, . \, \sigma,$$

wo s den 100^{0} entsprechenden Teilstrich,
x den t entsprechenden Teilstrich,
l den linearen Ausdehnungskoeffizienten der Skala,
v den linearen Ausdehnungskoeffizienten des Glases,
σ den Gradwert eines Intervalles bedeutet.

Unter Zugrundelegung der von Thiesen und Scheel bestimmten Werte für die Ausdehnung der Glassorten 16^{III} und 59^{III} ergibt sich als Ausdehnung des gebräuchlichen Skalenglases im Mittel[2])

zwischen	0^{0} und 100^{0}	0,0009006
	0^{0} und 200^{0}	0,0018819
	0^{0} und 300^{0}	0,0029423.

Für Thermometer aus dem Glase 16^{III} sind die Abweichungen in den Angaben von Stab- und Einschlußthermometern geringer, als bei Thermometern aus dem Glase 59^{III}.

Vorstehende Fehlerquellen und ihre Beseitigung müssen bekannt sein, wenn ein Quecksilberthermometer mit Erfolg benutzt werden soll. Welche Korrektionen im speziellen Fall angebracht sind, ergibt sich aus dem Versuch. Jedenfalls wird es unvorteilhaft sein, jede Korrektion zu machen, um schließlich irgendeinen anderen Umstand zu vergessen, der eine derartig genaue Messung als zwecklos erscheinen läßt.

Größere Beachtung verdient noch der Umstand, daß Luft diatherman ist, also Strahlung durchläßt.

Daher sind Lufttemperaturen schwer zu bestimmen, wenn eine wärmestrahlende Fläche in der Nähe ist.

---

1) Jacques Duclaux et A. Hamelin, Journ. de Phys. (4) 9, 600; 1910.
2) Wiebe und Moeller, Ztschr. f. Instr. 28, 137; 1908.

So wird in der Sonnenstrahlung die Luft selten die Temperatur haben, welche das Thermometer anzeigt.

Thermometer, für die ein derartiger Einfluß in Betracht kommen kann, werden daher durch einen äußeren Silberspiegel gegen Strahlung geschützt.

In bewegter Luft kann auch das Vorhandensein von Spuren von Feuchtigkeit Anlaß zu bedeutenden Falschmessungen geben.

Weitere Quecksilberthermometer.

Für wissenschaftliche Thermometer, die genaue Messungen ($^1/_{100}{}^0$) ergeben sollen, und doch zur Kontrolle beide Fixpunkte enthalten, verwendet man enge Kapillaren mit Erweiterungen an beliebigen Stellen; jedoch ist der Verengerung der Kapillaren dadurch eine Grenze gesetzt, daß das Thermometer mit steigender Temperatur bei Verwendung sehr feiner Kapillaren einen toten Gang zeigt, d. h. zeitweise infolge der großen Reibung nicht steigt, bis der innere Druck plötzlich die Reibung überwindet und nun ein ebenso plötzliches wie unmotiviertes Steigen erfolgt.

Jedes gute Flüssigkeitsthermometer soll am oberen Ende der Kapillare eine Erweiterung enthalten, die einmal ein schnelles Platzen des Thermometers bei versehentlichem Ueberhitzen verhindern soll, bei Thermometern für feinere Ablesungen und beschränktem Meßbereich aber auch dazu dienen kann, beliebige Teile des Fadens abzutrennen, um so das Instrument innerhalb verschiedener Grenzen verwenden zu können.

Bei Thermometern für feinere Ablesungen sind alle Korrektionen sehr sorgfältig durchzuführen. Vor allem ist die Kaliberkorrektion genau zu ermitteln, da diese Fehler bei feinen Kapillaren prozentual bedeutend größer werden. Genauigkeiten bis $^1/_{1000}{}^0$ lassen sich nur schwer erreichen (Hypsometrisches Thermometer für Höhenmessungen).

Thermometer für höhere Temperaturen (bis 580^0) enthalten auch Kapillarerweiterungen zur Umgehung der niederen Temperaturen. In der Nähe der Fixpunkte haben sie jedoch zu deren Bestimmung eine genauere Teilung. Diese Thermometer enthalten das Quecksilber wegen der Dampfspannung desselben unter hohem Druck (bis 20 Atm.) von Stickstoff.

Für höhere Temperaturen ist demnach γ_i, der innere Druckkoeffizient, zu vernachlässigen. Aenderungen der vertikalen Lage sind in diesen Temperaturen auch ohne meßbaren

Einfluß, da der sich ändernde hydrostatische Druck der Quecksilbersäule im Verhältnis zu dem sonstigen Innendruck klein ist ($^1/_{20}$ und weniger). Bei der Bestimmung der Fixpunkte ist jedoch γ_i in Betracht zu ziehen, da der Druck in der Kapillare beim Sinken des Fadens schnell nachläßt. Bei guten Thermometern für höhere Temperaturen (aus Jenaer Normalglas 16^{III}) beträgt der mögliche Fehler der Ablesung ca. $^1/_4$% bis höchstens $^1/_2$%. Diese Thermometer werden auch von der Physikalisch-Technischen Reichsanstalt noch geeicht.

Die Reduktion eines Thermometers aus Jenaer Normalglas 16^{III} auf die Normalskala des Wasserstoffthermometers findet sich in der nachstehenden Tabelle.

Ablesung °	Korrektion	Ablesung °	Korrektion.
0	0,00	50	— 0,12
5	— 0,03	55	0,11
10	0,06	60	0,10
15	0,08	65	0,09
20	0,09	70	0,08
25	0,10	75	0,07
30	0,11	80	0,06
35	0,12	85	0,04
40	0,12	90	0,03
45	0,12	95	0,02

Für dasselbe Thermometer sind die Korrektionen über 100° auf das Luftthermometer bezogen:

Ablesung °	Korrektion	Ablesung °	Korrektion
100	0,00	200	— 0,04
110	+ 0,03	210	0,11
120	0,05	220	0,21
130	0,07	230	0,33
140	0,09	240	0,47
150	0,10	250	0,63
160	0,10	260	0,83
170	0,08	270	— 1,05
180	0,06	280	— 1,30
190	0,02	290	— 1,59
200	— 0,04	300	— 1,91

Es ist zu beachten, daß die Angaben der Stabthermometer von denen der Einschlußthermometer besonders in höheren Temperaturen nicht unbedeutend abweichen, da die Milchglasskala bei den letzteren eine Verschiedenheit bedingt.

Unter Berücksichtigung der Ausdehnungskoeffizienten des Jenaerglases 16^{III} und 59^{III} fanden Wiebe und Moeller [1]) folgenden Mittelwert für die Skalenausdehnung

$$\beta_t = 10^{-6}\left[860{,}8\,\frac{t}{100} + 40{,}0\left(\frac{t}{100}\right)^2\right].$$

Die Berechnung der Differenzangaben ergibt:

Einschluß- minus Stabthermometer

Grad C	16^{III}	59^{III}
100	0,00	0,00
150	— 0,01	— 0,02
200	— 0,02	— 0,07
250	— 0,04	— 0,13
300	— 0,07	— 0,21
350	— 0,10	— 0,32
400	— 0,14	— 0,44
450	—	— 0,60
500	—	— 0,77

Um diese Beträge zeigen die Einschlußthermometer niedriger als die Stabthermometer, wogegen bei 0°—100° das Umgekehrte der Fall ist.

Die Berücksichtigung braucht nur bei solchen Instrumenten zu erfolgen, deren Skala sich frei nach oben ausdehnen kann.

Bei Einschlußthermometern sind demnach außer den Grundkorrektionen der Quecksilberthermometer noch die folgenden Korrektionen zu machen:

1. Korrektion wegen der verschiedenen Ausdehnung von Skala und Kapillare.
2. Korrektion zufolge der Skalenbefestigung an einem anderen Punkt als dem Nullpunkt.

Dazu käme bei Thermometern, welche Erweiterungen in der Kapillare besitzen

3. Korrektion infolge der Erweiterungsstellen,

und endlich

[1]) Wiebe und Moeller, Ztschr. f. Instr. 28, 137; 1908.

4. Korrektion wegen des von 0 abweichenden Temperaturwertes, bei dem die Skalenteilung vorgenommen wurde.

Die Korrektionen 2 und 4 sind auch in höheren Temperaturen nur sehr klein, dagegen ist die Korrektion 3 zu beachten; allerdings wirkt die Abweichung in den Angaben infolge der Erweiterungsstellen der Kapillare der unter 1 angegebenen Fehlerquelle entgegen, d. h. durch die Erweiterungen tritt eine wesentliche Verkleinerung der Korrektionen des Einschlußthermometers gegen das Stabthermometer auf. (Siehe auch die Tabellen unter „Gasthermometer".)

Es werden auch brauchbare Thermometer für hohe Temperaturen aus geschmolzenem Bergkristall (Quarzglas) hergestellt, die bis zu 720° verwendet werden können.

Die Vorzüge vor dem gewöhnlichen Glasthermometer bestehen darin, daß die Quarzthermometer einen unveränderlichen Nullpunkt besitzen und nicht springen.

Da es jedoch sehr schwer ist, aus Quarzglas gut kalibrische Röhren zu ziehen, so können sie nur in einer Länge von 35 bis 40 cm hergestellt werden. Sie umfassen das in $^5/_1$ Grade geteilte Intervall von 300° bis 750°. Die Skala besteht aus einer Nickelstahllegierung, die fast keine thermische Ausdehnung besitzt.

Die Füllung besteht aus Quecksilber und Stickstoff unter einem Druck von 60 Atmosphären.

Dufour[1]) geht mit seiner Skala bis 900°.

2. Flüssigkeitsthermometer für tiefe Temperaturen.

Quecksilberthermometer können wegen Gefrierens des Quecksilbers nur bis —35° verwendet werden.

Alkoholthermometer.

Alkohol- und Aetherthermometer sind für genauere Arbeiten nicht zweckmäßig, da die beiden Meßflüssigkeiten einen verschiedenen Wassergehalt haben und in tieferen Temperaturen zähflüssig werden; sie gestatten auch nicht die Bestimmung des Siedepunktes bei 100°, da sie bereits bei einer niederen Temperatur sieden[2]). Meist kondensieren sich auch Dämpfe in

---

1) Dufour, C. R. 130, 775; 1900.

2) H. Lemke, Ztschr. f. Instr. 19, 33; 1899.

den oberen Teilen der Kapillare, wodurch ein bedeutend tieferer Stand der Flüssigkeitskuppe bewirkt wird.

Toluolthermometer.

Vorteilhaft als Meßflüssigkeit ist Toluol[1]). Da Toluol bei 110° siedet, können wir bei diesen Thermometern den Null- und Siedepunkt bestimmen. Ihr Bereich ist bis gegen —70°; doch ist dazu eine Umrechnung auf das Wasserstoffthermometer nötig, die nach folgender Tabelle erfolgt[2]):

Wasserstoff-thermometer	Toluothermometer
0°	0°
— 10°	— 8,54°
— 20°	— 16,90°
— 30°	— 25,10°
— 40°	— 33,15°
— 50°	— 41,08°
— 60°	— 48,90°
— 70°	— 56,63°

Verschiedene Toluolthermometer stimmten untereinander in dem angegebenen Raum bis auf wenige Hundertstel Grad überein.

Am geeignetsten für die Ermittlung der Zwischenwerte ist wieder die Anfertigung einer Kurve.

Die Temperatur t des Toluolthermometers läßt sich durch die empirische Formel

$$t = 0{,}863109\ T + 9{,}704929 \cdot 10^{-4} \cdot T^2 + 2{,}81924 \cdot 10^{-6} \cdot T^3$$

berechnen, wenn T die Temperatur des Wasserstoffthermometers angibt; die Formel ist bis —70° gültig.

Petrolätherthermometer.

Auch mit Petroläther, einem Gemisch von Kohlenwasserstoffen, gefüllte Thermometer sind im Gebrauch. Petroläther erstarrt nicht einmal in flüssiger Luft (—190°) und besitzt einen sehr großen Ausdehnungskoeffizienten, der in tiefen Temperaturen fast konstant ist (vgl. die Tabellen bei „Gasthermometer“), mit

---

1) Chappius, Wied. Beibl. 17, 538; 1893.

2) Chappius, Arch. des sc. phys. et ret. (3) 28, 293; 1892.

wachsender Temperatur jedoch stark wächst. Da der Petroläther keine einheitliche Substanz ist, haben die nachstehend angegebenen Ausdehnungskoeffizienten nur einen verringerten Wert; es ist notwendig, daß jedes Petrolätherthermometer für sich untersucht und an das Wasserstoffthermometer angeschlossen wird[1]).

Mittlerer Ausdehnungskoeffizient zwischen 0° und t°	t°	Mittlerer Ausdehnungskoeffizient zwischen t und t', bezogen auf das Volumen bei 0° als Einheit.	t	t'
0,00111	— 180°	0,00104	— 188°	— 80°
0,00121	— 80°	0,00112	— 80°	— 50°
0,00135	— 50°	0,00125	— 50°	± 0°
0,00145	+ 22,7°	0,00145	± 0°	+ 22,7°
0,00147	+ 26°	0,00158	+ 22,7°	+ 30,7°
0,00148	+ 30,7°			

Will man bis auf 1° genau messen, so erfordert das Eintauchen in flüssige Luft besondere Vorsicht. Man taucht, bis die Kuppe fast ihren tiefsten Stand erreicht hat, nur das Gefäß ein, da sonst der Petroläther in der Kapillare adhäriert.

Pentanthermometer.

Rothe[2]) zeigt, daß mit Pentanthermometern bei —190° eine Genauigkeit von ± 0,02° erreichbar ist, wenn nach dem Vorangehenden sorgfältig gearbeitet wird.

Das Pentan zeigt keine Kapillartrübungen und Unregelmäßigkeiten der Kuppenbildung wie der Petroläther. Die scheinbare Ausdehnung im Glase 59^{III} bis —187° war die folgende:

$$v_t = v_0\,(1 + 1{,}39 \,.\, 10^{-3}\, t + 1{,}33 \,.\, 10^{-6} \,.\, t^2).$$

Verschiedene untersuchte Pentanmengen zeigten eine weitgehende Uebereinstimmung in der Ausdehnung; doch müssen diese Thermometer langsam abgekühlt werden, da sich sonst in der Kapillare Pentandämpfe kondensieren. Die Beseitigung etwaiger Niederschläge geschieht leicht mittels Erwärmen des Thermometerrohres durch die Hand. Rothe macht auf die großen Fehler durch in der Nähe befindliche strahlende Körper besonders aufmerksam.

---

1) L. Holborn, Ann. d. Phys. 6, 255; 1901.
2) Rothe, Ztschr. f. Instr. 22, 192; 1902.

Vergleichung des Toluol-, Petroläther- und Pentanthermometers mit dem Wasserstoffthermometer (Glas: Französisches Hartglas).

Wasserstoff	Toluol [1]	Petroläther [2]	Pentan [3]
0°	0	0	0
— 10°	— 8,54	—	— 9,03
— 20°	— 16,90	—	— 17,87
— 30°	— 25,10	—	— 26,55
— 40°	— 33,15	—	— 35,04
— 50°	— 41,08	— 42,6	— 43,36
— 60°	— 48,90	—	— 51,50
— 70°	— 56,63	—	— 59,46
— 100°	—	— 80,2	— 82,28
— 150°	—	— 113,0	— 116,87
— 200°	—	(— 140,7)	— 146,84

(Vgl. auch die Korrektionstabellen unter „Gasthermometer", Vergleichung von Quecksilberthermometern mit den Gasthermometern.)

3. Flüssigkeitsthermometer für mittlere Temperaturen.

Gewichtsthermometer.

Zu den Flüssigkeitsthermometern gehört noch das sogenannte Gewichtsthermometer, dem wegen der Glasausdehnung dieselbe Unsicherheit zukommt, wie dem Skalenthermometer; da es aber auch in der Handhabung unbequem ist, so wird es nur noch selten verwendet und braucht daher hier nur kurz besprochen zu werden.

Als Gefäß benutzt man z. B. die Form der nebenstehenden Figur 2.

Es wird nun folgendermaßen gemessen: Es sei P_0 das Gewicht des Quecksilbers, welches bei 0° das Gefäß erfüllt, dessen Volumen V_0 ist.

Es sei P_{100} das Gewicht des Quecksilbers, welches bei 100° das Gefäß erfüllt, dessen Volumen V_{100} ist.

1) Chappius, Arch. sc. phys. (3) 18, 293; 1892.
2) Holborn, Ann. d. Phys. (4) 6, 242; 1901.
3) Rothe, Privatmitteilung.

P_t sei das Gewicht des Quecksilbers, welches bei t^0 das Gefäß erfüllt, dessen Volumen V_t ist (alle Gewichte sind auf den luftleeren Raum zu reduzieren).

Ferner wird $P_0 - P_{100} = p_{100}$, $P_0 - P_t = p_t$ gesetzt; V'_{100} und V'_t seien die Volumina des Quecksilbers bei 100^0 und bei t^0.

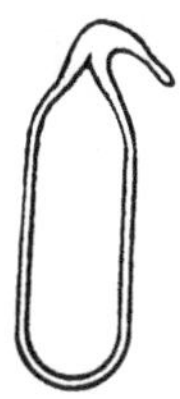

Fig. 2.

Da die Temperatur durch die scheinbare Ausdehnung des Quecksilbers gemessen wird, so ist

$$t = 100 \frac{\frac{V'_t - V_t}{V_t}}{\frac{V'_{100} - V_{100}}{V_{100}}}.$$

Führt man nun statt der Volumina die Gewichte ein, so erhält man die Formel

$$t = 100 \frac{\frac{p_t}{P_0 - p_t}}{\frac{p_{100}}{P_0 - p_{100}}} = 100 \frac{p_t (P_0 - p_{100})}{p_{100} (P_0 - p_t)}.$$

Darin ist $100 . \frac{P_0 - p_{100}}{p_{100}}$ ein konstanter Koeffizient; setzen wir ihn gleich k, so ergibt sich die zu bestimmende Temperatur aus der Gleichung

$$t = k \cdot \frac{p_t}{P_0 - p_t}.$$

Es gilt auch die folgende Beziehung:

Sind P_0, P_T, P_{100} wieder die den wahren Temperaturen 0, T und 100 entsprechenden, auf den luftleeren Raum reduzierten Gewichte des Gesamtthermometers, und ist G das Gewicht des leeren Gefäßes, so ist die durch die scheinbare Ausdehnung des Quecksilbers im Glase gemessene Temperatur

$$t = 100 \cdot \frac{P_0 - P_T}{P_0 - P_{100}} \cdot \frac{P_{100} - G}{P_T - G},$$

da $\frac{P_0 - P_{100}}{P_{100} - G}$ die scheinbare Ausdehnung von 0 bis 100, und $\frac{P_0 - P_T}{P_T - G}$ diejenige von 0 bis T darstellt.

Gasthermometer.

Prinzip.

Man kann zur Messung von Temperaturen die Ausdehnung der Gase benutzen, da diese Anwendung nach oben keine Grenze in einer Zustandsänderung des Gases, sondern nur in der Unzulänglichkeit der einschließenden Gefäße haben kann. Tiefe Temperaturen lassen sich ebenfalls durch Verwendung geeigneter Gase feststellen.

Um Thermometer zu konstruieren, die gestatten, Gase zur Temperaturbestimmung zu verwenden, müssen wir die Abhängigkeit der Zustände des Gases von der Temperatur feststellen.

Es gilt für Gase (außer in der Nähe der Druck- und Temperaturwerte ihrer Verflüssigung) annähernd:

(1) Gleiche Temperatur vorausgesetzt ist das Produkt aus Druck und Volumen einer abgeschlossenen Gasmenge konstant,

d. h. $p_1 \cdot v_1 = p_0 \cdot v_0$

und $\frac{v_1}{v_0} = \frac{p_0}{p_1}$

(Mariotte).

(2) Gleichen Druck vorausgesetzt, dehnen sich alle Gase (nahezu) gleichmäßig aus. Ihr gemeinsamer kubischer Ausdehnungskoeffizient ist

$$\alpha = \frac{1}{273}$$

(Gay-Lussac).

Gase, die den Gesetzen nicht genau folgen, ändern ihren Ausdehnungskoeffizienten bei konstantem Volumen mit dem Druck.

Ist p_0 der Druck eines Gases bei 0°, p_t der Druck desselben Gases bei gleichem Volumen bei t°, so heißt das Verhältnis

$$\frac{p_t - p_0}{p_0 \cdot t}$$

der Spannungskoeffizient α_p.

Gase, die beiden Gesetzen genau folgen, nennt man ideale Gase, als welche bei praktischen Messungen Helium, Wasserstoff, und auch noch Sauerstoff, Stickstoff, Stickoxyd und Kohlenoxyd, sowie ihre Mischungen (Luft) gelten können. Man setzt dann den Spannungskoeffizienten α_p (d. h. Druck ist konstant) dem Ausdehnungskoeffizienten α_v (d. h. Volumen ist konstant) gleich und nimmt einen gemeinsamen Wert α.

Gas	α_v	α_p
Luft	0,0036706	0,0036695
Sauerstoff	—	0,0036743
Stickstoff	0,0036732	0,0036677
Wasserstoff	0,0036613	0,0036626[1]
Helium	—	0,0036628[1]

Kamerlingh Onnes findet zwischen 0° und 100° bei 1000 mm Anfangsdruck den Wert 0,0036613 bei 0° und 0,0036616 bei 20° für Helium (α_p), den er für richtiger hält. —

Die Korrektionen des He-Thermometers ergeben sich dann in tiefen Temperaturen auf die absoluten Skale zu

— 104°	— 0,006°
— 183°	+ 0,002°
— 217°	+ 0,010°

Ist v_0 das Volumen einer Gasmenge bei 0°, dann ist die Volumvergrößerung für je 1° = $v_0 \cdot \alpha$; für t° = $v_0 \cdot \alpha \cdot t$.

Das Gesamtvolumen für t° ist demnach

$$v_t = v_0 \, (1 + \alpha t).$$

Verändert sich außerdem noch der Druck, so gilt das Mariotte-Gay-Lussacsche Gesetz:

$$p\,v = p_0\,v_0 \, (1 + \alpha t).$$

[1]) Nach Travers et Jacquerod, Phil. Transact. 200, 105; 1902.

Nehmen wir das Volumen als konstant an, ist also $v = v_0$, und setzen wir $\alpha = 0{,}00367 = \frac{1}{272{,}5}$, so erhält man

$$p = p_0 (1 + \alpha t) = p_0 \left(1 + \frac{t}{272{,}5}\right).$$

Für $t = -272{,}5$ ist $p = 0$.

Man nennt $t = -272{,}5^0$ den **absoluten Nullpunkt** ($T = 0^0$). Kamerlingh Onnes gibt $273{,}08^0$ an. Andere Messungen ergeben ca. $273{,}10^0$, so daß der Wert 273^0 für den absoluten Nullpunkt richtiger erscheint.

Demnach ist $T = t + 273^0$.

Bei der Celsiusskala ist zwar der Nullpunkt willkürlich, doch kann man ihn herstellen; bei der absoluten Temperaturskala ist der Nullpunkt zwar nicht willkürlich, aber auch nicht herstellbar. Der Gradwert beider Skalen ist dagegen wieder willkürlich.

Es sei noch bemerkt, daß bei starken Druck- und Temperaturänderungen α_v bei Wasserstoff mit wachsendem Druck langsam abnimmt. Mit wachsender Temperatur bleibt α_v bei Luft, Stickstoff und Wasserstoff fast unverändert.

α_p nimmt bei allen Gasen zuerst langsam zu, dann ab. Beim Wasserstoff ist diese Aenderung jedoch sehr gering.

Kamerlingh Onnes fand für $\alpha_{\text{Wasserstoff}}$ den Wert 0,0036627 zwischen 0^0 und 100^0 in guter Uebereinstimmung mit Chappius.

Zur **Temperaturmessung** kann man nun

1. den Druck konstant halten und die Volumenänderung feststellen,
2. das Volumen konstant halten und den Druck messen.

Die **Temperaturberechnung** erfolgt hierbei in folgender Weise:

ad 1: Bezeichnet man das Volumen einer gegebenen Gasmasse unter dem Druck P

bei der Temperatur 0^0 mit V_0,

bei der Temperatur 100^0 mit V_{100},

so ist der Zuwachs des Volumens von 0^0 bis 100^0 gleich $V_{100} - V_0$. Hat das Volumen V_0 einen Zuwachs $\frac{V_{100} - V_0}{100}$ erhalten, so ist die Temperatur von 0^0 auf 1^0 gestiegen; ist der Volumenzuwachs

$$V_0 = t \cdot \frac{V_{100} - V_0}{100},$$

so ist die Temperatur t°. Beobachtet man daher bei einer unbekannten Temperatur t° das Volumen V_t, so hat man

$$V_t = V_0 + t \cdot \frac{V_{100} - V_0}{100},$$

und folglich

$$t = \frac{V_t - V_0}{V_{100} - V_0} \cdot 100.$$

Die Größe

$$\alpha_v = \frac{V_{100} - V_0}{100 \,.\, V_0}$$

bezeichnet man als den Ausdehnungskoeffizienten des Gases und bekommt somit:

$$t = \frac{V_t - V_0}{V_0 \,.\, \alpha_v}.$$

Zur Temperaturbestimmung ist also die Kenntnis der Volumina bei 0°, t° und 100° nötig.

ad 2: Analog zu dem Vorigen kann man die Temperaturbestimmungen durch Druckmessungen ausführen, wenn das Gas auf konstantem Volumen gehalten wird.

Bezeichnet man den Druck einer gegebenen Gasmasse vom Volumen V

bei der Temperatur 0° mit P_0,

bei der Temperatur 100° mit P_{100},

so ist, wenn bei der unbekannten Temperatur t der Druck P_t beobachtet wird

$$t = \frac{P_t - P_0}{P_{100} - P_0} \cdot 100.$$

Die Größe

$$\alpha_p = \frac{P_{100} - P_0}{100 \,.\, P_0}$$

ist der Spannungskoeffizient des Gases, und man erhält somit

$$t = \frac{P_t - P_0}{P_0 \,.\, \alpha_p}.$$

Zur Berechnung der Temperatur bei Apparaten mit konstantem Druck sind drei Volummessungen auszuführen, deren einzelne Fehler sich addieren können; **durch die Multiplikation**

mit 100 vergrößert sich der mögliche Fehler bei der Bestimmung von t um das Hundertfache. Wird dagegen mit konstantem Volumen gearbeitet, so sind nur zwei Druckmessungen auszuführen.

Apparate.

Zur Verwendung gelangen deshalb in der Hauptsache Apparate mit konstantem Volumen.

1. Apparate mit konstantem Volumen.

Gasthermometer von Jolly.

Fig. 3 zeigt ein Gasthermometer nach Jolly[1]).

Die Füllung. Damit wir bei Messungen mit dem Gasthermometer richtige Resultate erhalten, ist es nötig, daß das Meßgas vollständig trocken ist.

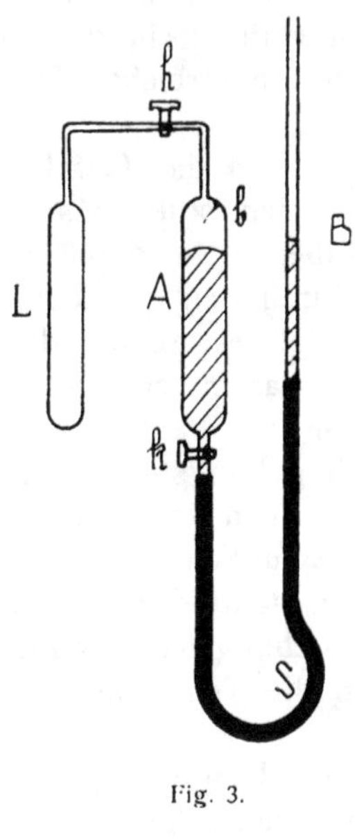

Fig. 3.

Zu dem Zwecke wird das Rohr B (s. Fig. 3) gesenkt, bis alles Quecksilber aus dem Raum A nach unten ausgeflossen ist. Darauf wird der zweifach durchbohrte Hahn k so gestellt,

[1]) Ph. Jolly, Pogg. Ann. Jubelband, p. 82; 1874.

daß er den Raum A abschließt, und das Quecksilber im Schlauch S mit der Außenluft in Verbindung steht (zur Quecksilberfüllung ist auch nur trockenes und gereinigtes Quecksilber zu verwenden); darauf wird der Hahn h mit einer Luftpumpe verbunden, die das Gefäß L und die Röhre A vollständig auspumpt und dann mit Luft (resp. dem Meßgas), die durch Phosphorsäureanhydrid getrocknet ist, wieder gefüllt.

Dieser Vorgang wird mehrmals wiederholt, indem man gleichzeitig L erwärmt. Ist der Raum L sicher mit vollständig trockenem Gas gefüllt, so wird B gehoben, bis aus der Hahnöffnung bei k Quecksilber in das Freie tritt; dann erst setzt man das Quecksilber im Schlauch durch eine Drehung des Hahnes mit dem Gefäß A in Verbindung, nachdem zuvor der Hahn h geschlossen worden ist, und somit das Thermometer von der Luftpumpe unabhängig ist; zur Aufrechterhaltung des anfänglichen Druckes müssen die Hähne sehr gut schließen.

Nun hebt man B vorsichtig langsam weiter, so daß Tropfen auf Tropfen durch den Hahn k in das Rohr A eintritt, bis das Quecksilber den Glasdorn b erreicht. Damit ist die Füllung beendet.

Die Messung. L sei das Gefäß, das in den zu messenden Raum gebracht werden soll. Man senkt L zuerst in Eis und stellt das Quecksilber in A durch Heben oder Senken des Rohres B, das mit A durch den quecksilberführenden Schlauch S verbunden ist, so ein, daß es gerade die Glasspitze b berührt. Dann notiert man den Barometerstand, den Stand des Quecksilbers in B (B ist zum meßbaren Verschieben an einer Skala eingerichtet) und die Umgebungstemperatur.

Nun taucht man L in den Raum, dessen Temperatur bestimmt werden soll, stellt das Quecksilber in A wieder auf die Glasspitze b ein, notiert den Stand des Quecksilbers in B, den Barometerstand und die Umgebungstemperatur.

Daraus kann dann die Temperatur des Raumes L berechnet werden.

Die Temperatur der Umgebung sei die gleiche geblieben. Die Niveaudifferenz des Quecksilbers in B gegen das Quecksilber in A sei bei $0^0 = h_0$, bei $t^6 = h_t$. Der Barometerstand sei p.

Dann ergibt das Mariotte-Gay-Lussacsche Gesetz:

$$v\,.\,(p + h_t) = (p + h_0)\,.\,v\,.\,(1 + \alpha t),$$

oder

$$t = \frac{\frac{p + h_t}{p + h_0} - 1}{\alpha}$$

Genaue Temperaturberechnung. Zunächst müssen wir den Druck bei 0° und 100° kennen. Es ist nun jedoch nicht möglich, der ganzen Gasmasse, welche doch bis zum Dorn b mit dem Heizgefäß L kommuniziert, die Temperatur des letzteren zu erteilen.

Daher ist an dem verbindenden Kapillarrohr eine Marke angebracht, bis zu der Heizgefäß und Kapillare der zu bestimmenden Temperatur ausgesetzt sind.

Es ist das Volumen von L bis zur Marke, und das Volumen der Kapillare von der Marke bis zum Dorn b zu bestimmen. Das erste Volumen sei V, das zweite v, beide bei 0° gemessen.

Ferner sei

- T die Temperatur der siedenden Dämpfe,
- t die Temperatur der Kapillare, wenn das Heizgefäß in Eis steht,
- t_1 die Temperatur der Kapillare, wenn das Heizgefäß sich in den Dämpfen siedenden Wassers befindet,
- d der Druck des Gases, wenn das Heizgefäß in Eis steht,
- D der Druck des Gases, wenn das Heizgefäß sich in den Dämpfen siedenden Wassers befindet,
- β der kubische Ausdehnungskoeffizient des Glases,
- α_p der Spannungskoeffizient des Füllgases.

Das Gewicht der abgeschlossenen Gasmenge ist gegeben

a) wenn das Gefäß L in Eis steht, durch

$$\delta \left[V + \frac{v(1 + \beta \cdot t)}{1 + \alpha_p \cdot t} \right] \cdot \frac{d}{760},$$

b) wenn das Gefäß L in Dämpfen siedenden Wassers steht, durch

$$\delta \left[\frac{V(1 + \beta \cdot T)}{1 + \alpha_p \cdot T} + \frac{v(1 + \beta \cdot t_1)}{1 + \alpha_p \cdot t_1} \right] \cdot \frac{D}{760},$$

wo δ das Gewicht von 1 ccm Luft bei 0° und 760 mm Druck ist.

Da beide Ausdrücke infolge der Grundbedingungen einander gleich sein müssen, folgt

$$\alpha_p = \frac{D - d + \varepsilon + \beta \cdot D \cdot T}{(d - \varepsilon) \cdot T},$$

wo

$$\varepsilon = \left[\frac{D(1 + \beta . t_1)}{1 + \alpha_p . t_1} - \frac{d(1 + \beta . t)}{1 + \alpha_p . t}\right] \frac{v}{V}$$

ist.

Nun können wir die Temperatur τ messen. Entspricht dieser ein Druck Δ, so ist in obiger Gleichung nur für T τ, und für D Δ zu setzen, so daß man bei Auflösung nach τ dann erhält

$$\tau = \frac{\Delta - d + \varepsilon}{\alpha_p (d - \varepsilon) - \Delta . \beta}.$$

Setzt man α_p als bekannt voraus, so ist eine Messung in den Dämpfen siedenden Wassers nicht nötig; doch ist es bei genauen Messungen besser, α_p experimentell zu bestimmen, da dann ein kleiner Fehler beim Glasausdehnungskoeffizienten β nur sehr geringen Einfluß auf das Resultat von τ hat.

Die Angaben werden um so genauer, je größer der Druck des bei 0° abgeschlossenen Gases ist. Ist dieser z. B. 760 mm, so entspricht einer Drucksteigerung von 1 mm eine Temperatursteigerung von 0,36°.

Erreicht der Druck eine Größe von mehreren Atmosphären, so ist Wasserstoff als Füllgas zu nehmen, da sich bei ihm α_p für größere Druckdifferenzen nicht ändert.

In hohen Temperaturen sind hohe Drucke wegen der Gefäßerweichung nicht zulässig (vgl. auch Gefäße).

W. Kapp[1]) faßt seine Erfahrungen bei der Verwendung des Jollyschen Luftthermometers bis 300° bei einer Genauigkeit von einigen Zehntel Grad wie folgt zusammen:

1. Die Größe des schädlichen Raumes (v) muß möglichst $<$ 1 ccm sein.
2. Der kubische Ausdehnungskoeffizient des aus einem Material hergestellten Heizgefäßes muß bis auf 0,0000003 zu bestimmen sein.
3. Die Druckbestimmung durch Maßstab, Ablesevorrichtung und Barometer muß bis auf 0,1 mm genau sein.

Für ein Luftthermometer, das diesen Anforderungen genügt, wird gesagt:

a) Bei Messungen bis 300° kann man als Temperatur des schädlichen Raumes (v) die Zimmertemperatur ansehen, wenn deren Schwankungen nicht 3° übersteigen.

[1]) W. Kapp, Ann. d. Phys. (4) 5, 905; 1901.

b) In diesem Falle kann man für die geforderte Genauigkeit von einigen Zehntel Grad zur Temperaturbestimmung die Formel

$$T = \frac{H - H_0}{\alpha . H_0 - 3\beta . H}$$

nehmen, wobei H_0 den zur Temperatur 0^0 gehörigen Druck, d. h. Barometerstand plus Manometerdruck, darstellt, H dieselbe Größe für die Temperatur T bedeutet; α ist der Druckzunahmekoeffizient der Luft, 3β der kubische Ausdehnungskoeffizient der verwendeten Glassorte (über die Größe desselben s. Gefäße).

Die zu dem obigen Ausdruck bei den verschiedenen Temperaturen noch hinzuzufügende Korrektion K_v für den schädlichen Raum ergibt sich aus der beistehenden Tabelle genügend genau in Graden:

T	K_v
100	0,315
200	0,800
300	1,453
400	2,277
600	4,431
800	7,263
1000	10,76

c) Der Elementarfehler bei der Bestimmung von α darf 0,000001 nicht überschreiten.

Für α ergaben sich die Werte

0,0036726
0,0036690
0,0036709
0,0036726.

Einstellung des Dornes. Die Einstellung auf Berührung des Dornes b (und S, Fig. 6) mit dem Quecksilber geschieht besser als durch Beobachtung, durch elektrischen Kontakt. In dem Dorn ist zu diesem Zweck ein feiner Platindraht eingeschmolzen, dessen Spitze an der Berührungsstelle des Quecksilbers gerade frei liegt, und der außerhalb des Gefäßes in einer Klemmschraube endet. An dem Gefäß befindet sich noch ein zweiter eingeschmolzener Platindraht mit Klemme, der in das Quecksilber taucht. Man verbindet die beiden Klemmen durch ein Element und zwischengeschaltetes Galvanoskop. Der Strom muß wegen des dünnen Platindrahtes sehr schwach sein. Das Rohr B wird nun mikrometrisch vorsichtig solange gesenkt, bis das Galvanoskop Strom anzeigt (das Quecksilber muß eine blanke Oberfläche haben).

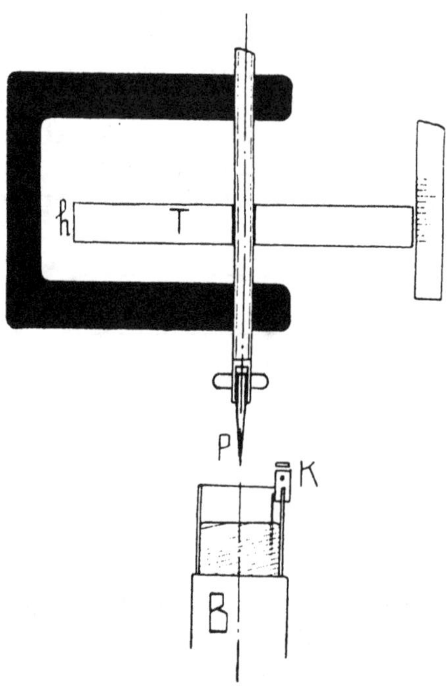

Fig. 4a.

S t a n d ä n d e r u n g s m e s s u n g e n a n d e r B a r o m e t e r s ä u l e. Eine exakte Messung der Höhenänderungen der Quecksilberkuppe bei B geschieht entweder mit dem Kathetometer oder genauer mit der folgenden Vorrichtung (Fig. 4 a). Das Glasrohr in B ragt wenig über den Rand des Quecksilbers hinaus (im Schlauch verschiebbar). Ein Kupferdraht taucht in das Quecksilber hinein und vermittelt so die elektrische Leitung mit der Klemme K. Den anderen Kontaktpunkt bietet eine genau zentrisch an einer vertikalen Schraubenachse angebrachte amalgamierte Stahlspitze P. Auf der Schraube von 0,2 mm

Ganghöhe ist eine in 200 Teile geteilte Trommel T angebracht, deren Stellung an einem Maßstabe ablesbar ist. Ein Teilstrich entspricht demnach $^{1}/_{1000}$ mm bei der Temperatur, für welche die Ganghöhe richtig ist (evtl. Korrektion). Um auch die $^{1}/_{10000}$ mm ablesen zu können, muß folgender Nonius verwendet werden (Fig. 4b): Die Dicke h der Trommel T wird gleich 10 mm gemacht. Auf dem Rande der Trommel sind nun schräge Linien so eingraviert, daß, wenn beispielsweise (wie in der Figur) Teilstrich 3 der Trommel auf 0 einsteht, der Fußpunkt der zu 2 gehörigen schrägen Linie bei 10 ist. Die Ablesung der Tausendstel würde erfolgen als $2 + {}^{10}/_{10}$ (im Zähler sind die Teil-

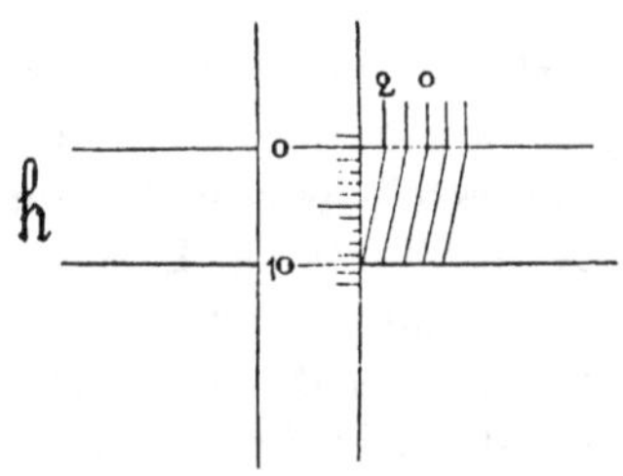

Fig. 4b.

striche, von oben gezählt, angegeben) = 3. Die vollständige Ablesung ist 0,0030(0) mm.

Die seinerzeit von dem Verfasser an derartigen Kontakten ausgeführten, an anderer Stelle [1]) ausführlich beschriebenen Einstelluntersuchungen ergaben folgende Resultate:

Bei der Messung der Standänderung des Quecksilbers (zwei Messungen) würde im ungünstigsten Fall der Fehler $\pm 0{,}0004$ mm betragen. Unter Berücksichtigung aller Gesamtfehler ergibt sich eine G e n a u i g k e i t v o n 0,2 μ.

Gasthermometer von Regnault.

Regnault hat bei seinem Gasthermometer das Gefäß L abnehmbar eingerichtet. Die Verbindung erfolgt durch einen konischen Ansatz bzw. eine ebensolche Höhlung (s. Fig. 5).

Diese Methode ist besonders dann zweckmäßig, wenn bei großen inneren Drucken durch die hohen Temperaturen das Gefäß L erweichen könnte, oder Gase leichter infolge Rotglut des Gefäßes bei dem inneren Ueberdruck austreten.

---

[1]) B. Thieme, Ztschr. f. Instrumentenkunde, Sept. 1912.

Man bringt L abgetrennt und mit geöffnetem Hahn in den Raum der zu messenden Temperatur, nachdem man zuvor ein Chlorcalciumrohr vor die Oeffnung geschaltet hat, um das Eindringen von Wasserdampf zu verhindern. Dann liest man die Umgebungstemperatur ab. Hat die Luft in L die Temperatur des Raumes und den äußeren Atmosphärendruck angenommen,

Fig. 5.

so schließt man den Hahn vor L, liest den Barometerstand ab und befestigt L wieder am Manometer, in dem das Quecksilber bei A auf die Spitze eingestellt war und B gegen A keine Niveaudifferenz aufwies. Nun läßt man L abkühlen und bringt es in ein Bad von 0°; darauf öffnet man vorsichtig den Hahn bei L und reguliert mit B, bis das Quecksilber in A wieder auf die Spitze eingestellt ist. Die Differenz von A gegen B, die Umgebungstemperatur und der Barometerstand werden notiert. Daraus läßt sich dann wieder t berechnen.

Ein Ueberdruck tritt hierbei demnach erst dann auf, wenn das Gefäß erkaltet und der Gefahr des Erweichens nicht mehr ausgesetzt ist. Für hohe Temperaturen nimmt man L aus Porzellan; Platin und Eisen werden für Gase durchlässig.

Für die Vornahme einer Reihe von Messungen wird L mit dem Manometer durch Röhren von Silber verbunden, die $^1/_4$ mm inneren Durchmesser haben und leicht biegsam sind; sie sind außerdem nahtlos und übertragen den Druck ohne bemerkenswerte Volumenvergrößerung. Doch nimmt bei der Enge der Röhren die Druckübertragung längere Zeit in Anspruch.

Die Kapazität des Gefäßes L, der Kapillaren und des Raumes A bis zum Quecksilber, wenn es auf die Spitze einsteht, muß genau gemessen werden.

Da das Gasthermometer gewissermaßen ein Normalthermometer darstellen soll, müssen die aus den vielen Ablesungen bedingten Fehler durch Verringerung der Ablesungen möglichst klein gemacht werden. Zum Vergleich mit Quecksilberthermometern muß das Gasthermometer (wie das Quecksilberthermometer) noch auf $^1/_{100}{}^0$ genau abzulesen sein.

$^1/_{100}{}^0$ entspricht, wenn L mit Gas von Atmosphärendruck gefüllt ist, einer Quecksilberhöhe von 0,0278 mm.

Da man am Barometer und Manometer im ganzen vier Ablesungen macht, darf jeder Ablesungsfehler nur den vierten Teil von 0,0278 mm, d. h. 0,007 mm betragen, eine Genauigkeit, die bequem mit der elektrischen Kontaktmethode (s. Luftthermometer von Jolly) und dem zugehörigen Nonius erreicht werden kann.

Gasthermometer von Chappius.

Dieser Anforderung genügt in anderer Weise auch das Gasthermometer von Chappius[1]).

Figur 6 gibt das Schema des Apparates an.

G, M und S sind kommunizierend miteinander verbunden. M dient für das Barometer B gleichzeitig als Gefäß. S ist durch

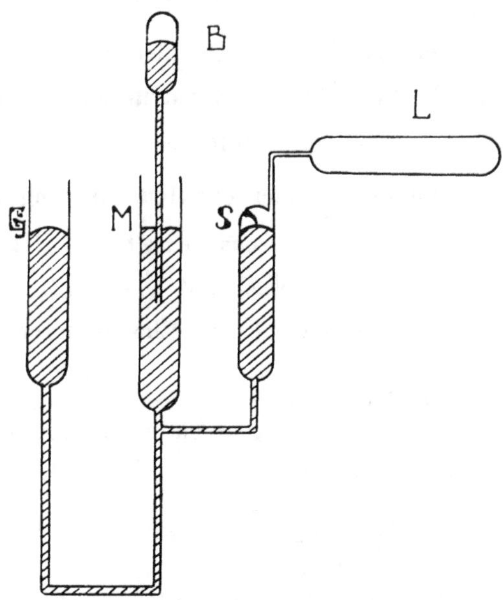

Fig. 6.

eine enge Röhre mit dem Meßgefäß L verbunden. Der Einstelldorn in S ist so klein als möglich, so daß der schädliche Raum sehr klein gemacht werden kann. Durch gröbere oder feinere

[1]) Chappius, Trav. et Mém. du Bur. intern. des Poids et mes. 6, 228; 1888.

Regulierung von G erfolgt die sorgfältige Einstellung des Quecksilbers in S auf den Dorn (s. auch das beim Luftthermometer von Jolly über elektrische Kontakteinstellung Gesagte). Sehr gute Erfolge erzielte der Verfasser, wenn er den schädlichen Raum dadurch außerordentlich verringerte, daß er einen elektrischen Kontakt (Platin) genau am Kapillareingang anbrachte; es konnte sogar der Kontakt (Dorn) in die Kapillare selbst verlegt werden, indem seitlich in dieselbe ein kleiner Platindraht als Pol eines Elementes eingeschmolzen wurde. Die kapillaren Wirkungen kommen nicht in Betracht, da bei S keine Ablesung erfolgt, dagegen ist die Wirkung des schädlichen Raumes auf das äußerste eingeschränkt.

Bei B wird das Barometer mit Hilfe eines Ablesemikroskopes oder dgl. auf $^1/_{1000}$ mm bestimmbar abgelesen.

M und S sind ca. 30 mm weit, so daß eine Kapillarkorrektion fortfällt.

Das Verhältnis $\frac{v}{V_0}$ des schädlichen Raumes zum Meßgefäße L ist sehr klein (in der Konstruktion des Verfassers war

$$v = 0{,}16 \text{ ccm},$$

so daß die Bedingungen einer exakten Messung gegeben sind).

B e r e c h n u n g d e r T e m p e r a t u r. Ist γ, der Ausdehnungskoeffizient des Glases, und $\frac{v}{V_0}$ ermittelt, so sind nunmehr nur noch Ablesungen (bzw. Einstellungen) bei B und S zu machen

1. wenn L im Bade von 0° ist,
2. wenn L in dem zu bestimmenden Temperaturbade ist.

Ist H_0 der Gasdruck bei 0°,
H_t der Gasdruck bei t°,
α_p der Spannungskoeffizient des Gases,
ϑ die Temperatur von
v dem schädlichen Raum (mit einem Thermoelement [s. daselbst] gemessen),
V_0 das Volumen von L bei 0°,
γ der Ausdehnungskoeffizient von L (für Glas ca. 0,000025; genauere Werte s. „Gefäße"),

so berechnet sich t aus

$$t = \frac{(H_t - H_0)\cdot\left(1 + \frac{v}{V_0}\cdot\frac{1}{1+\alpha_p\,.\,\vartheta}\right)}{\alpha_p\,.\,H_0 - \gamma\,.\,H_t - (H_t - H_0)\cdot\frac{v}{V_0}\cdot\frac{1}{1+\alpha_p\,.\,\vartheta}}$$

Umgewandelt ergibt sich

$$t = \frac{H_t - H_0}{\alpha_p\,.\,H_0 - \gamma\,.\,H_t}\cdot\left[1 + \frac{v}{V_0}\cdot\frac{1}{1+\alpha_p\,.\,\vartheta}\cdot\frac{H_t}{H_0}\right];$$

der Ausdruck in der Klammer kann fortgelassen werden, wenn man den Einfluß der Kapillarröhre unberücksichtigt lassen will (wenn $\frac{v}{V_0}$ sehr klein ist und $t > 70^0$ wird).

2. Apparate mit konstantem Druck.

Apparat von Regnault[1]).

Pouillet benutzte den Apparat nach Fig. 7.

Ein Reservoir A ist durch eine Kapillare a b c mit dem kalibrierten Rohr c d verbunden; das letztere ist mit dem oben offenen Rohre e f in Verbindung und besitzt an seinem unteren

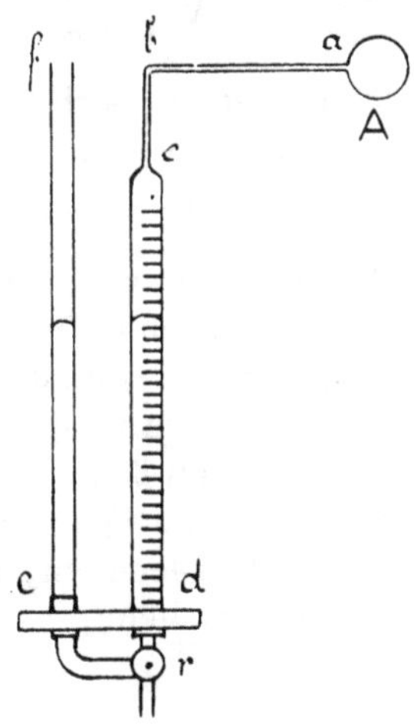

Fig. 7.

Ende einen Hahn r. Die Rohre c d und e f sind teilweise mit Quecksilber gefüllt; durch den Hahn r wird dasselbe so reguliert, daß es in beiden Röhren gleich hoch steht.

1) Regnault, Mém. d. l'Acad. 21, 168; 1847.

Berechnung der Temperatur. Es sei V das Volumen des Reservoirs A bei 0°, und β der kubische Ausdehnungskoeffizient desselben; α_v sei der Ausdehnungskoeffizient des Gases.

Das Reservoir V werde in schmelzendes Eis getaucht. Bei der Temperatur τ habe das Gas in der kalibrierten Röhre das Volumen v; der Druck des Gases sei P.

Bezeichnet man die Dichtigkeit des Gases bei 0° unter 760 mm Quecksilberdruck mit δ, so ist das Gewicht des abgeschlossenen Gases

$$\left(V + \frac{v}{1 + \alpha_v \cdot \tau}\right) \delta \cdot \frac{P}{760}.$$

Wird dann das Reservoir A auf die Temperatur T gebracht, so wird das Gas in dem Rohre cd das Volumen v' annehmen. Das unverändert gebliebene Gewicht des Gases ist

$$\left(V \frac{1 + \beta t}{1 + \alpha_v t} + \frac{v'}{1 + \alpha_v \cdot \tau}\right) \cdot \delta \cdot \frac{P}{760}.$$

Man hat daher

$$V + \frac{v}{1 + \alpha_v \cdot \tau} = V \frac{1 + \beta t}{1 + \alpha_v t} + \frac{v'}{1 + \alpha_v \cdot \tau}.$$

Aus dieser Gleichung ergibt sich t als

$$t = \frac{v' - v}{\alpha_v \left[V\left(1 + \alpha_v \cdot \tau\right) - \left(v' - v\right)\right] - \beta V \left(1 + \alpha_v \cdot \tau\right)}.$$

Je höher die Temperatur wird, um so mehr Gas wird aus dem Gefäß A austreten; deshalb wird die Temperatursteigerung auf ein immer geringeres Gasquantum wirken, wodurch die Empfindlichkeit der Messung mit steigender Temperatur bedeutend abnimmt; dagegen muß die Empfindlichkeit bei sinkender Temperatur aus dem gleichen Grunde zunehmen, so daß eine Verwendung dieses Luftthermometers zur Messung tiefer Temperaturen geeigneter erscheint, als zur Messung hoher Temperaturen.

3. Fehlerquellen der Apparate mit konstantem Volumen.

Die Fehlerquellen und ihre Vermeidung bzw. Verkleinerung ergeben sich bereits aus der Gleichung für t. Die Fehlerquellen, die beim Gasthermometer durch die vier Manometer- und Barometerablesungen vorhanden sind, lassen sich um die

Hälfte verringern, wenn man den Manometerschenkel B in Fig. 3 über 760 mm lang macht, oben schließt und ihn damit gleichzeitig als Barometer benutzt; dann sind nur zwei Ablesungen nötig (Weinhold).

Hier sei noch auf die durch das Ablesemikroskop verursachten Versuchsfehler hingewiesen, die bei den kleinen in Betracht kommenden Größen beträchtliche prozentuale Werte annehmen können. Vor allem ist darauf zu achten, daß die Platten, auf denen die Schrauben des Ablesemikroskopes ruhen, nicht Löcher haben, in denen die Stellschrauben seitlich beweglich sind. Am vorteilhaftesten ist es, wenn die Fixpunkte in den Platten gerade angedeutet sind. Stumpfe Stellschrauben sind nicht angebracht.

Ein Druck auf die Stellschraube, wie er bei den Ablesungen unvermeidlich ist, darf keinen Einfluß auf die Einstellung haben.

Ferner muß das Barometer B und das Ablesemikroskop auf erschütterungsfreiem Boden aufgestellt sein. Der evtl. tote Gang der Mikrometerschraube muß bestimmt werden, oder wenigstens soll die Mikrometerschraube nach der Richtung angezogen sein, nach der man bei der zweiten Ablesung zu drehen hat.

An einem Platinrhodium-Gefäß [1]) ist untersucht worden, inwieweit denn ein Gasthermometergefäß überhaupt die Temperatur des Raumes, in den es eingebracht worden ist, annimmt. Die Prüfung geschah durch überall angelötete kleine Platindrähtchen, die mit der Gefäßwand zusammen je ein kleines Thermoelement bildeten. Da ergab sich dann, daß nicht nur das Thermometergefäß verschiedene Temperaturen aufwies, sondern daß es sogar unmöglich ist, das ganze Gefäß auf vollkommen gleiche Temperatur zu erhitzen. Immerhin hat diese Eigenschaft auf die Messung selbst praktisch nur einen verschwindenden Einfluß.

4. Vergleichung von Quecksilberthermometern mit dem Gasthermometer.

Vergleich der Gasthermometer.

V. Regnault [2]) hat aus seinen Untersuchungen über den Gang verschiedener Gasthermometer bei konstantem Volumen

[1]) A. L. Day and R. B. Sosman, Sill. Journ. (4) 29, 93; 1910.

[2]) Regnault, Mém. de l'Acad. 21, 185; 1847.

geschlossen, daß die Spannungskoeffizienten von Wasserstoff und Kohlensäure unabhängig von der Temperatur sind, wenn diese nach dem Luftthermometer gemessen werden; ebenso ergibt sich nach seiner Ansicht für Gasthermometer, die bei konstantem Volumen durch eine Druckänderung des Gases die Temperatur messen, der gleiche Wert, wenn der Anfangsdruck eine Atmosphäre nicht übersteigt. Dabei soll es gleichgültig sein, ob das Thermometer mit Luft, Wasserstoff oder Kohlensäure gefüllt ist.

Diese Annahme trifft nun nicht zu. P. Chappius[1]) bestimmte die Temperaturen mit dem Wasserstoffthermometer. Für die mittleren Spannungskoeffizienten von Stickstoff und Kohlensäure fand er dabei folgende Werte:

Zwischen	Mittlerer Spannungskoeffizient Stickstoff	Kohlensäure
0° und + 20°	0,00367641	0,00373275
0° und + 40°	0,00000567	0,00003029
0° und + 100°	0,00000466	0,00002477

Der Anfangsdruck überschritt dabei nicht 1000 mm Quecksilberdruck.

Die Zahlen zeigen, daß die Spannungskoeffizienten beider Gase mit wachsender Temperatur abnehmen.

Berechnet man nun aus den vorstehenden Angaben die Temperaturwerte des Stickstoff- und des Kohlensäurethermometers, so findet man, falls die mittleren Ausdehnungskoeffizienten zwischen 0° und 100° als konstant eingeführt werden:

Temperaturangaben des Thermometers mit Wasserstoff	Stickstoff	Kohlensäure
0°	0,000	0,000
20°	20,009	20,043
40°	40,011	40,059
100°	100,000	100,000

Durch Vergleichung des Wasserstoff- und Luftthermometers mit einem Quecksilberthermometer sind die Differenzen

[1]) Chappius, Trav. et Mém. du Bur. intern. 6, 1888, Beiblatt 13, 70; 1889.

der ersten beiden auf direktem Wege erhalten worden. Es ergab sich folgendes:

Temperaturangaben des Thermometers mit			
Wasserstoff	Luft	Wasserstoff	Luft
0°	0°	60°	60,007°
10°	10,007	70°	70,005
20°	20,010	80°	80,005
30°	30,010	90°	90,002
40°	40,010	100°	100,000
50°	50,009	—	—

Somit ist anzunehmen, daß, entgegen den Beobachtungen von Regnault, die mit Wasserstoff, Luft und Kohlensäure gefüllten Thermometer auch oberhalb 100° Differenzen in den Temperaturangaben zeigen werden. Die Beobachtungen gehen leider nicht über 100°.

Es ergibt sich also aus den angezogenen Resultaten, daß man nicht ohne weiteres von einer Gasthermometertemperatur sprechen darf, sondern daß man sich auf ein Gas beziehen muß, auf das die erhaltenen Werte zu korrigieren sind.

Nach internationaler Uebereinkunft hat man nun Wasserstoff als das Normalgas bestimmt (die Gründe siehe weiter unten); die auf die Angaben des Wasserstoffthermometers reduzierte Temperatur wird die Temperatur nach dem Wasserstoffthermometer genannt (vorläufige Normaltemperaturskala).

Die Skala nach dem Wasserstoffthermometer muß natürlich außerhalb der Fixpunkte ihrerseits wieder Abweichungen gegen die absolute Temperaturskala zeigen.

Es seien hier die Korrektionen $\Delta t = \theta - t$ nach den Beobachtungen von Kamerlingh Onnes[1]) mitgeteilt, da sie für die nachherige Umwertung der Messungsergebnisse tiefer Temperaturen mit dem Platinwiderstandsthermometer wertvoll sind.

θ sei die Temperatur nach der absoluten,

t die Temperatur nach der normalen Wasserstoffskala (0° C, p = 1000 mm, v = Const.).

Es ist

$$\Delta t = a \cdot \frac{t}{100} + b \left(\frac{t}{100}\right)^2 + c \left(\frac{t}{100}\right)^3 + d \left(\frac{t}{100}\right)^4,$$

[1]) Kamerlingh Onnes and Braak, Comm. Phys. Lab.; Leiden Nr. 97 b; p. 29.

worin ist

$a = -0,0143307$
$b = +0,0066906$
$c = +0,0049175$
$d = +0,0027197.$

Die beträchtliche Abweichung von den bisherigen Werten zeigt die nachstehende Zusammenstellung:

t	Δ t		
	nach Callendar	nach D. Berthelot	nach Kamerlingh Onnes
— 10°	0,00021°	—	0,0015°
— 20°	0,00048°	—	0,0031°
— 50°	0,00164°	—	0,0082°
— 100°	0,0054°	0,008°	0,0187°
— 150°	0,0132°	—	0,0337°
— 200°	0,0311°	0,06°	0,0593°
— 240°	—	0,18°	0,0593°
— 250°	0,1005°	—	—

Ist der Druck des Wasserstoffes bei 0 gleich p_0, bei t^0 gleich p_t, und wird der Spannungskoeffizient des Wasserstoffes durch die Gleichung

$$\alpha_p = \frac{p_{100} - p_0}{p_0 \cdot 100}$$

definiert, so hat man für die gesuchte Temperatur nach dem Wasserstoffthermometer

$$t = \frac{p_t - p_0}{p_0 \cdot \alpha_p}.$$

(Die genaue Formel siehe oben unter „Berechnung der Temperatur".)

P. Chappius[1]) zeigte, daß man in hohen Temperaturen Wasserstoff nicht mehr verwenden kann, da er auf die Gefäßwand einwirkt; er benutzte daher Stickstoff und fand in den Angaben gegenüber dem Wasserstoffthermometer bei 445° nur eine Differenz von 0,04°.

Vergleich der Flüssigkeitsthermometer.

Die Glasausdehnung beim Gasthermometer kompensiert unter gewöhnlichen Verhältnissen nur $^1/_{146}$ von der Ausdehnung

1) P. Chappius, Phil. Mag. 50, 433; 1900.

des Gases, wogegen von der Ausdehnung des Quecksilbers $^1/_7$ durch die Glasausdehnung kompensiert wird.

Das Gasthermometer ist also weit geeigneter zum Normalinstrument als das Quecksilberthermometer. Besonders auch deshalb, weil sich die Glasausdehnung bei dem ersteren leicht feststellen läßt.

Als Füllgas muß ein Gas verwendet werden, das möglichst weit von seiner Kondensation entfernt ist und dem Mariotteschen Gesetze am genauesten folgt. Außer dem schwer zu beschaffenden Helium erfüllt Wasserstoff diese Bedingungen; deshalb ist, wie bereits erwähnt, die Normaltemperaturskala vorläufig diejenige, die auf der Drucksteigerung von Wasserstoff bei konstantem Volumen beruht, wenn der Anfangsdruck bei 0° einer Quecksilbersäule von 1000 mm entspricht. Dabei bleiben die Zentesimalteilung und die Fundamentalpunkte der Celsiusskala erhalten.

Der Vergleich der Gasthermometer mit dem Quecksilberthermometer hat gezeigt, daß beide unter sonst gleichen Bedingungen nicht die gleiche Temperatur anzeigen, ausgenommen natürlich an den Fixpunkten 0° und 100°, so daß eine Korrektion der Quecksilberthermometerangaben auf die Normaltemperaturskala geboten ist.

Um die Temperaturangaben des Quecksilberthermometers mit dem Gasthermometer vergleichen zu können[1]), sei beim Quecksilberthermometer das

Volumen des Gefäßes bis zum Teilstrich l_0 bei 0° gleich V_0,

Volumen des Quecksilbers ebenfalls bei 0° gleich V_0.

Der mittlere Ausdehnungskoeffizient des Quecksilbers zwischen 0° und T° (gemessen nach dem Gasthermometer) sei

$$Q_T = Q_0 + q \,.\, T;$$

der mittlere Ausdehnungskoeffizient des Glases zwischen 0° und T° sei

$$G_T = G_0 + g \,.\, T.$$

Wenn das Thermometer seiner ganzen Länge nach in Dampf von 100° gebracht wird, so ist das in das Meßrohr oberhalb l_0 eintretende Quecksilbervolumen bei 100°

$$V_0 (1 + Q_{100} \,.\, 100) - V_0 (1 + G_{100} \,.\, 100) = V_0 (Q_{100} - G_{100}) \, 100.$$

[1]) Vergl. Wiss. Abhdl. der Phys.-Techn.-Reichsanstalt 1, 6; 1894.

Dieses Volumen ist gleich dem Volumen der Kapillare zwischen den Teilstrichen l_0 und l_{100} bei 100°, wenn das Quecksilber bei 100° bis l_{100} gestiegen ist. Ist das Volumen zwischen zwei Teilstrichen der Kapillare gleich v_0 bei 0°, so ist

$$V_0 (Q_{100} - G_{100}) \cdot 100 = v_0 (l_{100} - l_0) (1 + G_{100} \cdot 100).$$

Entsprechend ist bei der nach dem Gasthermometer gegemessenen Temperatur T

$$V_0 (Q_T - G_T) T = v_0 (l_T - l_0) (1 + G_T \cdot T).$$

Die Messung der Temperatur t des Quecksilberthermometers beruht auf der Proportion

$$t : 100 = (l_T - l_0) : (l_{100} - l_0).$$

Das gibt

$$t = \left(\frac{l_T - l_0}{l_{100} - l_0}\right) \cdot 100 = T \cdot \frac{(Q_T - G_T)(1 + G_{100} \cdot 100)}{(Q_{100} - G_{100})(1 + G_T \cdot T)}.$$

Daher wird

$$T - t = T\left[1 - \frac{[(Q_0 - G_0) + (q - g) \cdot T]\,[1 + 100\,G_0 + 100^2 \cdot g]}{[(Q_0 - G_0) + (q - g)\,100]\,[1 + T \cdot G_0 + T^2 \cdot g]}\right].$$

Diese Korrektion T — t ist bei der Reduktion der Ablesung des Quecksilberthermometers auf das Gasthermometer der Ablesung hinzuzufügen.

T — t wird ersichtlich 0 für T = 0 und T = 100.

Würde man Q_T und G_T in ihrer Abhängigkeit von der Temperatur genau kennen, so könnte man T — t berechnen; so sind wir dagegen auf eine experimentelle Bestimmung dieser Differenz angewiesen.

Da die verschiedenen Gläser auch nicht nur einen verschiedenen mittleren Ausdehnungskoeffizienten besitzen, sondern dieser auch in seiner Temperaturabhängigkeit mit dem Glase selbst variiert, so ist ein Vergleich immer nur für die benutzte Glassorte gültig.

Die in den nachstehenden Korrektionstabellen angegebenen Werte geben zu der abgelesenen Temperatur addiert die Normaltemperatur des Wasserstoffthermometers.

a) Werte nach Chappius (Traité de la Thermométrie, p. 257).

Grad	Stickstoffthermometer	
	Korrektion	wahrscheinl. Fehler
– 20	+ 0,014	± 0,003
– 15	0,010	0,002
– 10	0,007	0,001
– 5	0,004	0,001
0	0,000	± 0,000
5	0,003	0,001
10	0,006	0,001
15	0,008	0,001
20	0,010	0,001
25	0,011	0,001
30	0,011	0,001
35	0,011	0,001
40	0,011	0,001
45	0,010	0,001
50	0,009	0,001
55	0,007	0,001
60	0,005	0 002
65	0,003	0,002
70	– 0,001	0,002
75	+ 0,001	0,002
80	0,002	0,002
85	0,003	0,002
90	0,003	0,002
95	0,002	0,001
100	0,000	0,000

Die Werte für das Stickstoffthermometer gelten auch für das Luftthermometer. Bei — 190° ist die Differenz zwischen dem Wasserstoffthermometer und dem Luftthermometer 0,6°, die zu den Angaben des Luftthermometers zu addieren sind.

b) Korrektionstabellen für Jenenser Gläser.

Abgelesene Temperatur	Jenenser Gläser 16III[1])	159III[1])	122III[2])
0°	0,000	0,000	0,000
10°	— 0,056	— 0,024	— 0,005
20°	0,093	0,035	0,006
30°	0,113	0,038	0,002
40°	0,120	0,034	+ 0,001
50°	0,116	0,026	0,004
60°	0,103	0,016	0,008
70°	0,083	0,008	0,009
80°	0,058	0,001	0,007
90°	0,030	+ 0,002	0,006
100°	0,000	0,0C0	0,000

Abgelesene Temperatur	16III	Abgelesene Temperatur	16III
110°	+ 0,03	210°	— 0,11
120°	0,05	220°	0,21
130°	0,07	230°	0,33
140°	0,09	240°	0,47
150°	0,10	250°	0,63
160°	0,10	260°	0,83
170°	0,08	270°	— 1,05
180°	0,06	280°	— 1,30
190°	0,02	290°	— 1,59
200°	— 0,04	300°	— 1,91

c) Korrektionstabelle für die Angaben hochgradiger (mit Innnendruck gefüllter) Quecksilberthermometer aus Jenenserglas 59III auf die Angaben des Luftthermometers[3]).

Abgelesene Temperatur	Korrektion	Abgelesene Temperatur	Korrektion
0°	0,0	375°	— 10,4
100°	0,0	400°	— 12,3
200°	— 0,4	425°	— 15,7
300°	— 4,1	450°	— 19,1
325°	— 5,9	475°	— 23,0
350°	— 8,1	500°	— 27,8

---

[1]) Thiesen, Abhdl. d. Phys.-Techn.-Reichsanstalt 2, 1; p. 73; 1895.
[2]) Grützmacher, Abhdl. d. Phys.-Techn.-Reichsanstalt 3, 229; 1900.
[3]) Mahlke, Diss. Göttingen 1894; Ann. d. Phys. 53, 965; 1894. Zeitschr. f. Instr. 15, 171; 1895.

d) Thermometer für tiefe Temperaturen.

Abgelesene Temperatur	Korrektion		
	Jenenserglas 59 IV (Quecksilberfüllung)	Toluol (Frz. Hartglas)	Pentan
0°	0,00	0,00	0,00
— 10°	+ 0,04	— 1,46	— 0,97
— 20°	0,10	— 3,10	— 2,13
— 30°	0,18	— 4,90	— 3,45
— 35°	0,23	—	—
— 40°	—	— 6,85	— 4,96
— 50°	—	— 8,92	— 6,64
— 60°	—	— 11,10	— 8,50
— 70°	—	— 13,37	— 10,54
— 100°	—	—	— 17,72
— 150°	—	—	— 33,13
— 200°	—	—	— 53,16

e) Vergleichung der Quecksilber- und Gasthermometer.

Bezeichnen t_H, t_N, t_{CO_2}, t_{16}, t_{59}, t_{vd} die Temperaturen gemessen nach dem Wasserstoff-, Stickstoff- und Kohlensäurethermometer und den Thermometern aus Glas 16^{III}, 59^{III} und verre dur, so ist:

$$t_H - t_{vd} = \frac{(100 - t)\,t}{100^2}\,[- 0{,}61859 + 0{,}0047351 \,.\, t - 0{,}000011577 \,.\, t^2]$$ [1]

$$t_{CO_2} - t_{59} = \frac{(100 - t)\,t}{100^2}\,[- 0{,}33386 + 0{,}0039910 \,.\, t - 0{,}000016678 \,.\, t^2]$$ [1]

$$t_N - t_{vd} = \frac{(100 - t)\,t}{100^2}\,[- 0{,}55541 + 0{,}0048240 \,.\, t - 0{,}000024807 \,.\, t^2]$$ [1]

$$t_H - t_{16} = \frac{(100 - t)\,t}{100^2}\,[- 0{,}67039 + 0{,}0047351 \,.\, t - 0{,}000011577 \,.\, t^2]$$ [2]

$$t_H - t_{59} = \frac{(100 - t)\,t}{100^2}\,[- 0{,}31089 + 0{,}0047351 \,.\, t - 0{,}000011577 \,.\, t^2]$$ [2]

[1]) Chappius, Trav. et Mém. du Bur. intern. des Poids et Mes. 6; 1888.

[2]) Thiesen, Scheel und Sell, Wiss. Abhdl. der Phys.-Techn. Reichsanstalt 2, 1; 1895. Zeitschrift f. Instr. 15, 433; 1895.

t Wasserstoff-t 16III. Einheit 0,001 °.

Grad	Einer 0	1	2	3	4	5	6	7	8	9
0	0	— 7	— 13	— 19	— 25	— 31	— 36	— 42	— 47	— 51
10	— 56	— 61	— 65	— 69	— 73	— 77	— 80	— 84	— 87	— 90
20	— 93	— 96	— 98	— 101	— 103	— 105	— 107	— 109	— 110	— 112
30	— 113	— 114	— 115	— 116	— 117	— 118	— 119	— 119	— 119	— 120
40	— 120	— 120	— 120	— 120	— 119	— 119	— 118	— 118	— 117	— 116
50	— 116	— 115	— 114	— 113	— 111	— 110	— 109	— 107	— 106	— 104
60	— 103	— 101	— 99	— 97	— 96	— 94	— 92	— 90	— 87	— 85
70	— 83	— 81	— 78	— 76	— 74	— 71	— 69	— 66	— 64	— 61
80	— 58	— 56	— 53	— 50	— 48	— 45	— 42	— 39	— 36	— 33
90	— 30	— 27	— 24	— 21	— 18	— 15	— 12	— 9	— 6	— 3
100	— 0									

t Wasserstoff-t 59III. Einheit 0,001 °.

Grad	Einer 0	1	2	3	4	5	6	7	8	9
0	0	— 3	— 6	— 9	— 11	— 14	— 16	— 18	— 20	— 22
10	— 24	— 25	— 27	— 28	— 30	— 31	— 32	— 33	— 34	— 35
20	— 35	— 36	— 36	— 37	— 37	— 37	— 38	— 38	— 38	— 38
30	— 38	— 37	— 37	— 37	— 37	— 36	— 36	— 35	— 35	— 34
40	— 34	— 33	— 32	— 32	— 31	— 30	— 29	— 28	— 28	— 27
50	— 26	— 25	— 24	— 23	— 22	— 21	— 20	— 19	— 18	— 17
60	— 16	— 15	— 15	— 14	— 13	— 12	— 11	— 10	— 9	— 8
70	— 8	— 7	— 6	— 5	— 5	— 4	— 3	— 3	— 2	— 1
80	— 1	— 1	0	0	+ 1	+ 1	+ 1	+ 2	+ 2	+ 2
90	+ 2	+ 2	+ 2	+ 2	+ 2	+ 2	+ 1	+ 1	+ 1	0
100	0									

Grad	t Wasserstoff-t 16 III.	t Wasserstoff-t 59 III.
— 5	+ 0,04 °	0,02 °
— 10	+ 0,08 °	0,04 °
— 15	+ 0,13 °	0,07 °
— 20	+ 0,19 °	0,10 °
— 25	+ 0,25 °	0,14 °
— 30	+ 0,32 °	0,18 °
— 35	+ 0,40 °	0,23 °

f) Vergleichung der Quecksilber- und Luftthermometer.

Nach Beobachtungen von Wiebe und Böttcher, und von Lemke[1]).

$t_{\text{Luftthermometer}} - t_{16^{\text{III}}}$. Einheit 0,001 °.

Grad	Einer									
	0	1	2	3	4	5	6	7	8	9
0	0	− 6	− 12	− 17	− 22	− 27	− 32	− 37	− 41	− 45
10	− 49	53	57	61	65	68	71	74	77	80
20	83	86	89	91	93	95	97	99	101	102
30	103	104	105	106	107	108	109	110	110	110
40	110	110	111	111	110	110	110	109	109	108
50	107	107	106	105	104	103	102	101	100	98
60	96	95	93	92	90	88	86	84	82	80
70	78	76	74	72	70	67	65	62	60	57
80	54	52	49	47	44	41	39	36	34	31
90	− 28	− 25	− 23	− 20	− 17	− 14	− 11	− 9	− 6	− 3
100	0	+ 3	+ 6	+ 8	+ 11	+ 14	+ 17	+ 19	+ 22	+ 25
110	+ 28	30	33	35	38	41	43	46	48	50
120	53	55	57	60	62	64	66	68	70	72
130	74	76	78	80	81	83	84	86	87	89
140	90	91	92	93	94	95	96	96	97	97
150	98	98	98	99	99	99	98	98	98	97
160	97	96	95	94	93	92	90	89	88	86
170	84	82	80	78	76	73	71	68	65	62
180	59	55	52	48	+ 45	+ 41	+ 37	+ 33	+ 28	+ 23
190	+ 19	+ 14	+ 9	+ 4	− 1	− 7	− 13	− 19	− 25	− 31
200	− 38	− 45	− 51	− 58	− 66	− 73	− 80	− 88	− 96	− 105
210	113	122	130	139	148	158	168	177	187	198
220	208	219	230	241	252	264	275	287	300	312
230	325	338	351	365	378	392	407	421	436	450
240	466	481	497	513	529	546	562	579	597	614
250	632	650	668	687	706	725	745	765	785	805
260	825	846	867	889	911	933	955	978	1001	1025
270	1084	1072	1096	1121	1146	1171	1196	1222	1248	1274
280	1301	1328	1356	1384	1412	1440	1469	1498	1528	1558
290	1588	− 1618	− 1649	− 1680	− 1711	− 1743	− 1776	− 1808	− 1841	− 1874
300	− 1908									

[1]) Grützmacher, Wied. Ann. 48, 769; 1899.

$t_{\text{Luftthermometer}} - t_{59^{III}}$. Einheit 0,001°.

Grad	Einer									
	0	1	2	3	4	5	6	7	8	9
110	0	0	0	0	0	0	0	0	0	0
110	0	0	0	− 1	− 1	− 1	− 1	− 1	− 2	− 2
120	− 2	− 2	− 2	2	2	3	3	3	4	4
130	4	4	5	5	6	6	6	7	7	8
140	8	8	9	9	10	10	11	11	12	12
150	13	13	14	15	16	16	16	17	18	19
160	19	20	21	21	22	23	24	25	26	27
170	28	29	30	31	32	33	34	35	37	38
180	39	40	41	43	44	45	46	48	49	51
190	52	− 53	− 55	− 56	− 57	− 59	− 60	− 62	− 64	− 66
200	− 67									

g) Vergleichung der Stickstoff- und Kohlensäurethermometer mit dem Gasthermometer.

Nach Chappius, Trav. et Mém. du Bur. internat. des Poids et Mes., 6, 1888, und Arch. sc. phys. (3) 20, 1; 1888.

Grad	Stickstoffth. $t_H - t_N$	Kohlens.-Th. $t_H - t_{CO_2}$
0	0,000	0,000
10	— 0,006	— 0,025
20	— 0,010	— 0,043
30	— 0,011	— 0,054
40	— 0,011	— 0,059
50	— 0,009	— 0,059
60	— 0,005	— 0,053
70	— 0,001	— 0,044
80	+ 0,002	— 0,031
90	+ 0,003	— 0,016
100	— 0,000	0,000

Diese Tabellen können nur zur Aushilfe dienen, während bei sorgfältigen Messungen die eigene Korrektion des in Frage kommenden Thermometers bekannt sein muß.

5. Gefäße.

Bis 500 ^{0} kann man für die Meßgasgefäße Jenaerglas verwenden, bis 1000 ^{0} beiderseitig glasiertes Porzellan, doch nimmt man dann Stickstoff als Meßgas, da Wasserstoff zu stark diffundiert.

Bei noch höheren Temperaturen beginnt die Innenglasur stark zu verdampfen, so daß sie nicht mehr zu verwenden ist. Um ein Platzen der Außenglasur durch den Innendruck zu verhüten, muß das Gefäß von außen unter Druck gehalten werden (Umwicklung mit geeignetem Draht, falls kein Erweichen zu befürchten ist). L. Day und B. Sosman[1]) verwendeten bei ihren Schmelzpunktbestimmungen des Palladiums Gefäße aus Platinrhodium mit 20% Rhodiumgehalt (Volumen 206 ccm, Gasdruck bei 0 ^{0} 220 mm Hg). Zwar sind diese Gefäße etwas weicher als die Platiniridiumgefäße, doch verderben die letzteren in höheren Temperaturen sehr schnell die an sie angeschlossenen Thermoelemente.

Platingefäße kann man bis 1700 ^{0}, Iridiumgefäße bis zirka 2000 ^{0} verwenden. Die letzten beiden sind in der Glut für Wasserstoff durchlässig. Quarzgefäße sind dieses zwar ebenfalls, doch ist die Ausdehnung dem Glas gegenüber bedeutend geringer. Wissenschaftlich exakt sind die Messungen mit dem Gasthermometer vorläufig nur bis 1500 ^{0}; nach Holborn und Wien[2]) kann das Wasserstoffthermometer noch unterhalb —200 ^{0} als zuverlässig angesehen werden.

Holborn und Day[3]) erhalten für die Ausdehnung eines Stabes von der Längeneinheit folgende Werte:

Platiniridium (80% Pt, 20% Ir)

$$\lambda = [8198 \,.\, t + 1{,}418 \,.\, t^2] \,.\, 10^{-9}.$$

Reines Platin

$$\lambda = [8889 \,.\, t + 1{,}274 \,.\, t^2] \,.\, 10^{-9}.$$

Unglasiertes Porzellan (ca.)

$$\lambda = [2954 \,.\, t + 1{,}125 \,.\, t^2] \,.\, 10^{-9}.$$

Der kubische Ausdehnungskoeffizient von Porzellan aus Bayeux hat nach Bedford den Wert

$$v_t = v_0 \,[1 + (10275 \,.\, t + 3{,}24 \,.\, t^2) \, 10^{-9}].$$

---

1) Americ. Journ. of Science 29, 93; 1910.

2) Holborn und Wien, Ann. d. Phys. 59, 213; 1896.

3) Holborn und Day, Ann. d. Phys. (4) 2, 505; 1900.

Chappius fand dafür

$$v_t = v_0 [1 + (8427 . t + 18{,}53 . t^2) 10^{-9}],$$

einen Wert, den er aus mehreren experimentellen Gründen wohl mit Recht für richtiger hält.

Holborn[1]) bestimmte für das Porzellan der Berliner Manufaktur

$$\lambda = [3027 . t + 1{,}177 . t^2] . 10^{-9},$$

$$\lambda' = [3188 . t + 0{,}936 . t^2] . 10^{-9}$$

bis zu 625°, wobei sich der erste Wert auf einen gepreßten runden Stab, der zweite auf einen viereckigen geschnittenen Stab bezieht.

Für Jenaerglas 59^{III} war

$$\lambda = [5814 . t + 0{,}804 . t^2] . 10^{-9}.$$

Für das oben genannte 20% Platinrhodiumgefäß war der Ausdehnungskoeffizient

$$\beta = [8{,}79 + 0{,}0016 . t] . 10^{-9}.$$

Für ein 10% Platiniridiumgefäß war

$$\lambda = [8841 . t + 1{,}306 . t^2] . 10^{-9}$$ [2]).

6. Verdrängungsmethode von Meyer.

Die in einem mit zwei Kapillaren versehenen Gefäß enthaltene Luft wird bei der zu messenden Temperatur t von einem Gase (Kohlensäure) verdrängt und über einer Flüssigkeit aufgefangen, die das Verdrängungsglas absorbiert.

Das Volumen der verdrängten Luft wird nun gemessen und auf 0°, atmosphärischen Druck und Trockenheit umgerechnet.

Hat das Gas bei der Temperatur t' und dem Quecksilberdruck H das Volumen v, so ist sein Volumen bei 0° und 760 mm Druck

$$v_0 = \frac{v}{1 + \alpha t} \cdot \frac{H}{760};$$

dabei ist

$$\alpha = 0{,}00367 = \frac{1}{272{,}5}$$

---

1) Holborn, Ann. 2. Phys. 6, 136; 1901.

2) Day and Clement, Americ. Journ. of Science 26, 405; 1908.

oder

$$\alpha = \frac{1}{273}.$$

Um eine zeitraubende Reduktion zu vermeiden, kann man das Niveau innerhalb des Meßzylinders gleich dem Niveau außerhalb des Meßzylinders machen.

Weiterhin sättigen wir entweder das Gas mit Wasserdampf, oder nehmen es als gesättigt an, nachdem es längere Zeit über Wasser gestanden hat; dann ziehen wir von dem gemessenen Drucke H des Volumens v die Spannkraft des Wasserdampfes bei der Temperatur t' ab und erhalten so für das trockene Gas den Wert H'.

Das auf 0°, 760 mm Druck und Trockenheit reduzierte Volumen ist dann

$$v_0 = \frac{v}{1 + \alpha t'} \cdot \frac{H'}{760};$$

war das Volumen des Gefäßes v', so war die zu messende Temperatur

$$t = 273 \cdot \frac{v' - v_0}{v_0}.$$

Die Spannkraft e des gesättigten Wasserdampfes bei Zimmertemperaturen gibt nachstehende Tabelle an.

Grad C	e
15	12,7
16	13,6
17	14,5
18	15,4
19	16,4
20	17,4

Die F e h l e r q u e l l e n der Methode beruhen besonders in der Verdrängung (Auffangen) und der Schwierigkeit, das Volumen genau festzustellen. Die Fehlerquellen sind so groß, daß die Methode keinen großen Genauigkeitswert beanspruchen kann. Auch spricht ihre Umständlichkeit gegen sie. Kleinere Korrektionen anzubringen wäre zwecklos, da die größeren sonstigen Fehler eine genaue Messung doch unmöglich machen.

7. Differentialgasthermometer.

Wir verbinden ein größeres Gefäß L mit einem Manometerschenkel, der unten in ein quecksilbergefülltes Reservoir taucht (s. Fig. 8).

Man erhitzt L zuerst etwas höher als auf die höchste zu messende Temperatur[1]), während G von einem Bad von 0° umgeben ist. Dann senkt man auch L in ein Bad von 0° und markiert den so erhaltenen Nullpunkt. Taucht man darauf L in ein Bad von 100°, so sinkt das Quecksilber bis zu einem gewissen

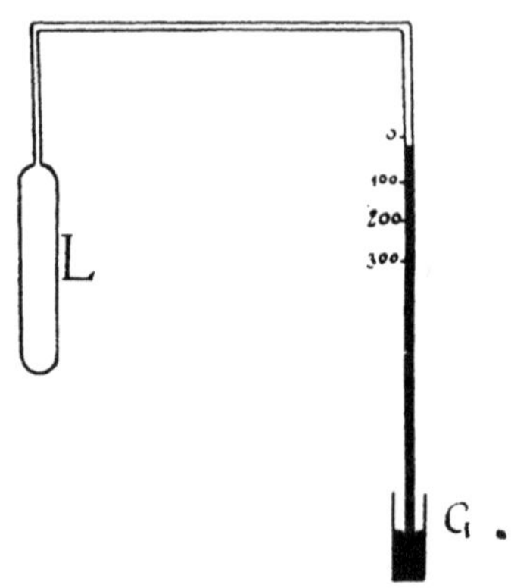

Fig. 8.

Punkte, den man wiederum markiert. Wählt man L und G hinreichend groß, so ist diese Methode in höheren Temperaturen genauer als die des Quecksilberthermometers. Da die Skala, einmal geeicht, immer wieder verwendbar ist, so ist das Thermometer auch in der Anwendung bequem. Im Grunde genommen bedeutet diese Konstruktion weiter nichts als die erste Urform des Thermometers von Galilei.

Die Fehler der Kapillarwirkungen und der vernachlässigten Korrektionen lassen sich dadurch verringern, daß man noch einen Siedepunkt, wie den des Quecksilbers = 350° oder den des Schwefels = 444,7° empirisch aufträgt und dabei die Aenderung des Siedepunktes von 0,081 °/mm in Rechnung stellt.

---

[1]) Pfaundler, Wiener Akad. Ber., Bd. LXXII; 1875.

8. Doppelgefäßluftthermometer.

Gleichfalls von Pfaundler ist das sogenannte Doppelgefäßluftthermometer, das in Fig. 9 dargestellt ist.

Die beiden Gefäße L und L′ werden der zu messenden Temperatur ausgesetzt. Sie enthalten Luft von verschiedenem Druck. Da der Druck der Luft ihrer absoluten Temperatur proportional ist, so muß letzterer auch die Druckdifferenz und damit die Differenz der Quecksilbersäulen in dem Kapillarmanometer proportional sein. Die Skala kann demnach bleibend gemacht werden.

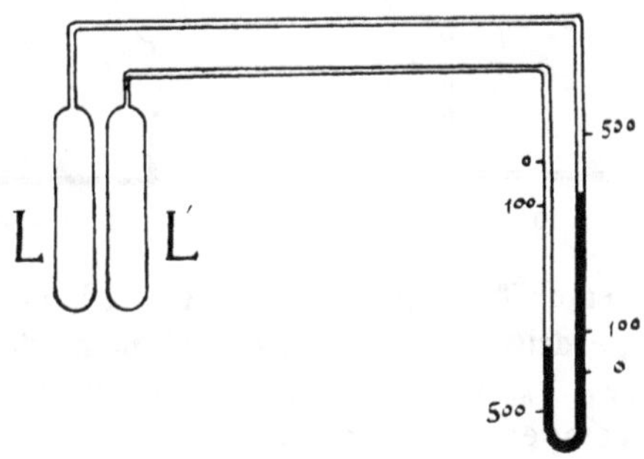

Fig. 9.

Diese Thermometer beanspruchen keine große Genauigkeit; jedenfalls sind sie nicht mit dem eigentlichen Gasthermometer zu vergleichen. Wird jedoch eine annähernde Genauigkeit verlangt, so gilt das beim Gasthermometer von Jolly usw. Gesagte.

Die Temperaturgrenzen sind nach oben wieder durch das Gefäß, nach unten durch Flüssigwerden des Meßglases bedingt. Auch für die den einzelnen Temperaturbereichen zukommende Genauigkeit gilt das vorher Gesagte.

9. Weitere Differentialgasthermometer.

Zu erwähnen wären noch die Differentialgasthermometer von Rumford (Fig. 10) und von Leslie (Fig. 11).

Bei beiden Konstruktionen kommt die eine Kugel in ein Bad von 0°, die andere in die zu bestimmende Temperatur.

Bei Rumford treibt die sich ausdehnende Luft ein Stück eines Quecksilberfadens vor sich her. Beide Thermometer werden eigentlich mehr als Thermoskope bei Versuchen usw. gebraucht.

Berechnung der Temperaturdifferenz.

Das Differentialluftthermometer besteht im wesentlichen aus einer, in einem Gefäße A abgeschlossenen Gasmenge, deren Spannkraftänderungen auf ein im Raume B befindliches Gas durch eine Flüssigkeitssäule übertragen werden. Die Verschiebung der Flüssigkeit in dem Verbindungsrohr der beiden Gefäße dient, wie oben gezeigt, als Maß der Volumänderung der Gase.

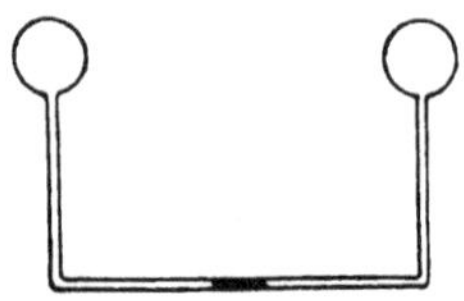

Fig. 10.

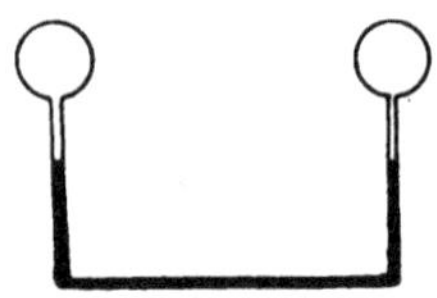

Fig. 11.

Allgemeine Temperaturberechnung. Bei der absoluten Temperatur t_0 sei das Volumen des in A eingeschlossenen Gases V_0, und der Anfangsdruck $p + p_1$, während bei derselben Temperatur der Anfangsdruck des Volumens V in B gleich p sei.

Die Anfangsdrucke geben uns die Höhen der Flüssigkeitssäulen. Nennen wir s_0 und s die Querschnitte an den Enden der Flüssigkeitssäulen, α_0 und α die Winkel, welche die Röhren mit der Vertikalen bilden, und l_0 und l die absoluten Werte der Verschiebungen, die der Temperaturänderung ϑ des in A befindlichen Gases entsprechen, so sind die Niveauunterschiede in s_0 und s gleich $l_0 \cos \alpha_0$, bezw. $l \cos \alpha$, und die neuen Gasvolumina, unter Vernachlässigung der Gefäßausdehnung

in A:

$$V_0 + s_0 l_0 \text{ für die Temperatur } t_0 + \vartheta,$$

in B:

$$V - s\,l \text{ für die Temperatur } t_0.$$

In B herrscht dann der Druck

$$p \frac{V}{V - s\,l};$$

In A herrscht der Druck

$$p \frac{V}{V - s\,l} + p_1 - l_0 \cos \alpha_0 + l \cos \alpha_0.$$

Ist der Rohrquerschnitt genügend konstant, so kann man $s\,l = s_0\,l_0$ setzen.

Der Druck in A ist dann

$$p \frac{V}{V - sl} + p_1 + l \cos\alpha - l \frac{s}{s_0} \cos\alpha_0,$$

und das Volumen

$$V_0 + s\,l.$$

Da sich die absoluten Temperaturen wie die Produkte aus Druck und Volumen verhalten, so folgt

$$\frac{t_0 + \vartheta}{t_0} = \frac{(V_0 + s\,l)\left(p \frac{V}{V - s\,l} + p_1 + l \,.\, \cos\alpha - l \frac{s}{s_0} \cos\alpha_0\right)}{V_0\,(p + p_1)}.$$

Je größer l für einen bestimmten Wert von ϑ ausfällt, um so größer ist die Empfindlichkeit der Anordnung; s muß so klein sein, daß das Quadrat von $\frac{s\,.\,l}{V}$ vernachlässigt werden kann.

Dann folgt

$$(1)\quad \vartheta = \frac{t_0\,.\,l}{p + p_1}\left[\frac{s}{V_0}(p + p_1) + \frac{s}{V}\,p + \cos\alpha - \frac{s}{s_0}\cos\alpha_0 + \frac{s\,l}{V_0}\left(\frac{s}{V} + \cos\alpha - \frac{s}{s_0}\cos\alpha\right)\right],$$

woraus sich ϑ bei einer Verschiebung l berechnen läßt.

Temperaturberechnung bei dem Instrument von Rumford. In dem Thermoskop von Rumford ist

$$V = V_0;\ p_1 = 0.$$

Weiterhin

$$s = s_0 \text{ und } \cos\alpha = \cos\alpha_0 = 0,$$

da das Rohr horizontal liegt.

Dann ist unter Vernachlässigung von $(s\,l)^2$

$$(2)\qquad \vartheta = 2\,t_0 \frac{s\,l}{V_0}.$$

Temperaturberechnung bei dem Instrument von Leslie. Bei dem Instrument von Leslie ist

$$V = V_0;\ p_1 = 0;\ s = s_0$$

und sehr klein, wie vorher.

Da jedoch die Röhren vertikal stehen, ist

$$\cos\alpha_0 = -1;\ \cos\alpha = +1.$$

Demnach

$$\vartheta = 2 t_0 l \left(\frac{s}{V_0} + \frac{1}{p}\right).$$

Ist V_0 genügend groß, um $\frac{s\,l}{V_0}$ sehr klein zu machen, so kann für kleine ϑ geschrieben werden

$$(3) \qquad \vartheta = \frac{t_0\, l}{p + p_1}\left[\frac{s}{V_0}(p + p_1)\cos\alpha = \frac{s}{s_0}\cos\alpha_0\right].$$

Liegen die Röhren horizontal, so wird

$$\vartheta = t_0 \frac{s\,l}{V_0},$$

d. h. die Empfindlichkeit ist gegenüber dem Rumfordschen Thermoskop verdoppelt.

Die unter 1—5 angeführten Gasthermometer dienen dem Anschluß der übrigen Temperaturmeßmethoden an die Normaltemperaturskala, finden aber keine eigentlich praktische Anwendung.

Metallthermometer.

Lötet man zwei Metallstreifen von verschiedenen Ausdehnungskoeffizienten bei einer bestimmten Temperatur aufeinander, so biegt sich dieser gelötete Kompensationsstreifen bei einer Aenderung der Temperatur, und zwar so, daß der Streifen mit dem größeren Ausdehnungskoeffizienten auf die konvexe Seite kommt.

Auf der Benutzung dieser Bewegung beruht der größte Teil der Metallthermometer.

Fehler.

Unregelmäßige Fehler entstehen bei diesen Apparaten sehr leicht durch schlechte Lötung. Die Spirale kann sich infolgedessen zur Seite ausbiegen oder die Lötung zerreißt an einigen Stellen. Die komplizierte mechanische Uebertragung bedingt, daß man sich durchaus nicht auf die Angaben des Zeigers verlassen kann.

Es ist darauf zu achten, daß sich die meisten Apparate sehr langsam einstellen.

Große Temperaturdifferenzen bewirken einen bleibenden Verzug der Kompensationsfeder.

Apparate.

Das Taschenthermometer von Holtzmann benutzt diese Kompensationsspirale. Man konstruiert diese Thermometer auch als Minimum- und Maximumthermometer, indem man den Zeiger der Spirale zwei weitere Zeiger mitnehmen läßt.

Breguet nahm einen Kompensationsstreifen aus Platin-Gold-Silber.

Meldometer. Joly konstruierte ein Meldometer, das heute in der Technik vielfach zur schnellen Bestimmung von Schmelzpunkten angewendet wird[1]).

Ein Platinband von 10 cm Länge und 1 mm Breite ist zwischen einem festen und einem veränderlichen Punkt ausgespannt, so daß die Längenänderung mittels einer Hebelübertragung gemessen werden kann.

Durch das Platinband kann ein elektrischer Heizstrom geschickt werden. Man eicht den Apparat durch Schmelzen von äußerst geringen Mengen eines Körpers von bekanntem Schmelzpunkt; den Aggregatzustand beobachtet man mit einem Mikroskop.

Das Band muß sich in einem kleinen geschlossenen Kasten befinden, der durch eine Glasscheibe Beobachtungslicht erhält, da sonst Luftströmungen, z. B. beim Gegenhauchen, die Messung verderben würden.

Für die verschiedenen Schmelzpunkte mißt man die zugehörige Stromstärke eines Präzisionsamperemeters, um so in der Lage zu sein, die Temperatur auch aus der Stromstärke bestimmen zu können. Im allgemeinen wird jedoch Zeigerablesung verwendet (Messung der Ausdehnung).

Die Angaben des Meldometers lassen sich dadurch genauer machen, daß bei der Messung immer möglichst die gleichen Substanzmengen verwendet werden.

Wird die Temperatur durch Messung der Stromstärke festgestellt, so ist zu beachten, daß bei längerem Erhitzen das Band in dem verschlossenen Kasten eine höhere Temperatur erreichen kann, als scheinbar der Stromstärke entspricht.

Die Meßgrenzen des Apparates sind 30° und 1500°.

Quecksilberfederpyrometer. J. C. Eckardt in Cannstatt stellt ein Thermometer her, das aus einem Stahlgefäß mit angesetztem stählernen Kapillarrohr besteht. Das Kapillarrohr endet in einer Stahlfeder, wie sie ähnlich bei den Aneroidbarometern verwendet wird. Das Stahlgefäß ist zum Schutz gegen Angriff der Flammengase mit einem eisernen Schutzrohr umgeben. Die biegsame Kapillare kann bis zu 50 m lang geliefert werden, so daß in gewissem Sinne auch eine Fernmeldung mit dieser Anordnung möglich ist.

---

[1]) J. Joly, Proc. Royal Irish Acad. (3) II, 38; 1891.

Gefäß, Kapillarrohr und Feder sind nun mit Quecksilber gefüllt, das sich beim Erwärmen des Stahlgefäßes auszudehnen sucht, und daher, vermöge seines Ausdehnungsdruckes die Feder zu strecken bestrebt ist. Die Bewegung der Feder wird auf ein Zeigerwerk übertragen, dessen Zeiger über einer bis 500 ° geeichten Skala spielt. Dieses Thermometer kann ebenso wie das nachstehend angeführte Graphitthermometer zur Registrierung gebraucht werden.

Graphitthermometer. Das viel verwendete Graphitthermometer beruht darauf, daß auf dem Boden eines Eisenrohres ein Graphitstab befestigt ist, dessen Ausdehnungsdifferenz gegen das eiserne Rohr durch Hebel auf ein Zeigerwerk übertragen wird. Die Apparate werden bis 400 °, 700 ° und 1000 ° geliefert.

Elektrische Temperaturmeßmethoden.

Die Bedeutung der nachfolgend beschriebenen elektrischen Temperaturmeßmethoden liegt darin, daß sie weit kleinere Temperaturdifferenzen zu bestimmen gestatten als irgendeine andere Methode; ihre Billigkeit und Handlichkeit im Verein mit der weiten Gebrauchsmöglichkeit bei hohen und tiefen Temperaturen läßt die Verwendung als sehr günstig bezeichnen; ferner ist die Empfindlichkeit der elektrischen Methoden bedeutend. Sie sind von relativer Einfachheit und gestatten, die Temperaturen auch sehr kleiner Räume genau und schnell zu messen.

1. Widerstandsmethode (Bolometer).

Prinzip.

Die Wheatstonesche Brückenanordnung läßt sich zur Temperaturmessung verwenden.

Der Strom eines Akkumulators A durchfließe den Meßdraht B C und zugleich im andern Zweig die Widerstände W und W_1.

Ist der Draht B C kalibriert und ist $W = W_1$, dann fließt durch das Galvanometer G kein Strom, wenn es genau in der Mitte von B C mit dem Gleitkontakt a anliegt.

Erwärmen wir nun W, z. B. einen Platindraht, so wächst mit der Temperatur auch der Widerstand des Platindrahtes, so daß W ungleich W_1 wird. Durch Verschieben des Kontaktes a nach C zu finden wir eine Stelle, an welcher der durch die Erwärmung von W im Galvanometer aufgetretene Strom wieder verschwindet.

Dann verhält sich

$$\frac{W}{W_1} = \frac{x}{y},$$

oder

$$W = \frac{x}{y} \cdot W_1.$$

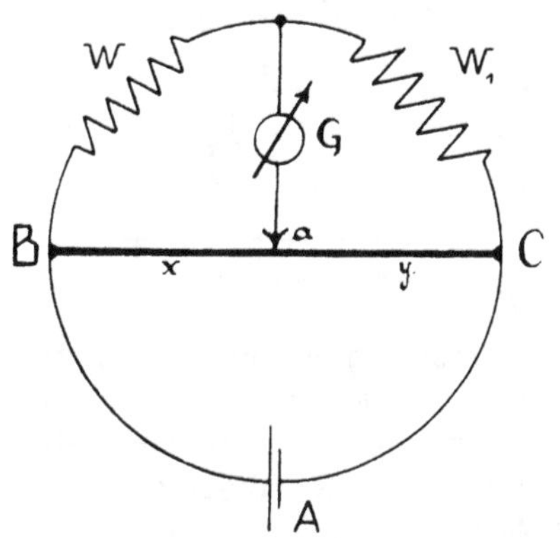

Fig. 12.

Ausführung.

Für den Vergleichswiderstand W_1 nimmt man einen Draht vom gleichen Materiale wie W. Die Zweige der Brücke sollen ungefähr den gleichen Widerstand haben wie das Galvanometer, da dann i_g, der Strom im Galvanometer, am größten ist. Wegen der Widerstandsänderung durch Erwärmung sollen die Widerstände groß sein (s. auch: Apparate, „Widerstandsmessung mit dem übergreifenden Nebenschluß" und „Flächenbolometer von Lummer und Kurlbaum").

Geringe Widerstandsänderungen.

Sind die Widerstandsänderungen nur gering, so ist die Anordnung der Wheatstoneschen Brücke nicht mehr genügend empfindlich; ändert sich die Temperatur verhältnismäßig schnell, so erfordert auch die Abgleichung des Widerstandes zu große Zeit.

Grunmach[1]) hat bei seinen Untersuchungen über den Einfluß des Magnetismus auf den Widerstand eine Anordnung be-

[1]) L. Grunmach, Ann. d. Phys. 22, 146; 1907.

nutzt, die allerdings nicht die absoluten Widerstandswerte, wohl aber sehr kleine Widerstandsänderungen genau bestimmen läßt. Der Verfasser hat diese Methode bereits mit gutem Erfolge bei Temperaturschwankungsmessungen benutzt.

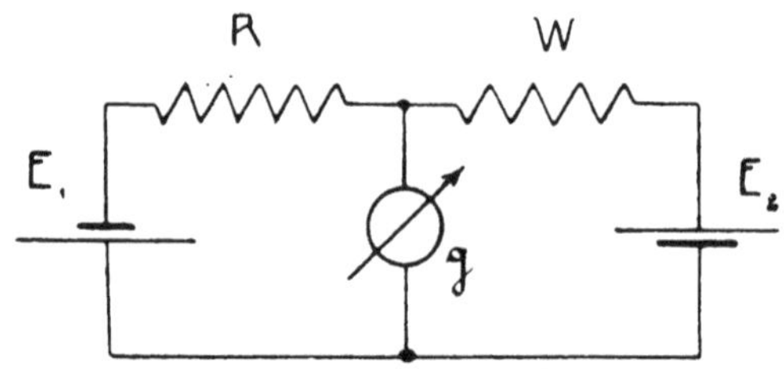

Fig. 13.

Das Prinzip derselben ist in der Figur 13 dargestellt.

E_1 und E_2 sind zwei gleiche Elektrizitätsquellen; der zu untersuchende Widerstand W (Bolometer oder dgl.) wird durch den Rheostatenwiderstand R abgeglichen, bis das Galvanometer g keinen Ausschlag mehr zeigt.

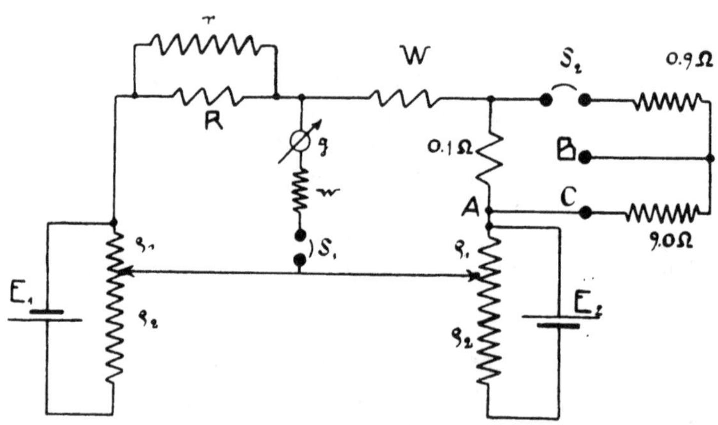

Fig. 14.

Für die Bestimmung kleiner Widerstandsänderungen wandte Grunmach nun die nachstehende Schaltung an (Fig. 14), da bei dem geringen Widerstande von W und Anwendung der vollen Spannung von E_1 und E_2 der Galvanometerausschlag zu groß werden würde.

Von den Akkumulatoren E_1 und E_2 wird nur die an den Enden von ς_1 herrschende Spannung benutzt. Ungefähr ist $\varsigma_1 = 1\ \Omega$, $\varsigma_2 = 50\ \Omega$, doch hängt die spezielle Wahl von dem Galvanometerausschlage ab.

Zur feineren Abgleichung des Stöpselrheostaten R gegen den Bolometerdraht W wird an die Klemmen von R ein bis 100 000 Ω gehender Kurbelrheostat geschaltet.

Da die Widerstandsänderungen direkt durch den Galvanometerausschlag bestimmt werden sollen, muß gemessen werden, welchen Ausschlag eine Widerstandsänderung in W von z. B. 0,01 Ω oder 0,001 Ω hervorruft.

In den Zweig von W wird deshalb ein Normalwiderstand eingeschaltet, zu dem man durch einen Quecksilberschalter S_2 entweder 0,9 oder 0,9 + 9,0 Ω parallel legen kann, je nachdem Klemme A mit B oder C verbunden ist.

Oeffnet man den Schalter S_2, so vergrößert man den Widerstand im Zweige W genau um 0,01 bzw. 0,001 Ω.

Mit dem dadurch bewirkten Galvanometerausschlag wird dann der durch die Temperaturänderung bedingte Ausschlag verglichen, und da die zu messenden Widerstandsänderungen im Verhältnis zu den Kreiswiderständen klein sind, darf der Galvanometerausschlag proportional der Widerstandsänderung angenommen werden.

Das Galvanometer g ist am besten ein Drehspuleninstrument von geringem Widerstande (ca. 5 Ω). Um die Dämpfung nicht zu stark werden zu lassen, wird vor das Galvanometer ein passender Widerstand (ca. 10—20 Ω) geschaltet.

Der Ausschalter S_1 ist ebenfalls ein Quecksilberschalter.

Die direkte Anwendung geschieht nun so, daß wir die Ausschläge bei zwei genau bekannten Temperaturen feststellen und die Zwischenwerte interpolieren. Diese Methode wenden wir an, wenn der Gang der Temperatur zwischen zwei bekannten Grenzen allmählich schwankt.

Wir können aber auch den Widerstand bei einer genau bekannten Temperatur sorgfältig bestimmen und nun die aus dem oben beschriebenen Verfahren erhaltenen Werte der Widerstandsänderung bei angenommener Proportionalität des Widerstandes hinzuaddieren und daraus die Temperaturänderung errechnen.

Sind nämlich t und t_1 die beiden Temperaturen und w, w_1 die zugehörigen Widerstände, so ist

$$t = t_1 + a\,(w - w_1) + b\,(w^2 - w_1^2).$$

Für die Konstanten a und b erhielten Jaeger und Steinwehr [1]) die Werte

a = 0,0039648

b = 0,0000005835.

(Siehe: Apparate, Platinthermometer von Jaeger und Steinwehr.)

Für die verschiedenen Temperaturen ergeben sich die nachfolgenden Werte:

Temperatur ⁰	a	b	Beobachter
— 94,6 bis 0	0,00342		Cailletet et Bonty, C. R. 100, 1188; 1885.
0	0,003		
0 bis 50	0,002222		Schleiermacher, Ann. d. Phys. 34, 623; 1888.
0 „ 100	0,002217		
Draht 0,8 mm			
0 bis 100	0,003669		Dewar und Fleming, Phil. Mag. 326; 1893.
— 100 „ 0	0,00354		Dewar und Fleming, Phil. Mag. 271; 1893.
0 „ 120	0,0032724		Arndtsen, Pogg. Ann. 104, 1; 1858.
50	0,00218		Knott, Proc. R. Soc. Edinb. 18, 303; 1891.
100	0,00198		
200	0,00142		
0 bis 860	0,002454	0,000000594	Benoit, Phil. Mag. 45, 314; 1873.
— 189 „ 0	0,003934	0,000000988	Holborn, Ann. d. Phys. 6, 242; 1902.
0 „ 500	0,003945	0,000000584	
0 „ 500	0,003922	0,000000585	Chappius et Harker, Trav. et Mém. du Bureau int. 12, 1; 1900.
18 „ 100	0,003840		Jaeger und Diesselhorst, Wiss.Abhdl. d. Phys. Techn.-Reichsanstalt 3, 269; 1900.

Wir besitzen in dem Widerstandsthermometer einen Apparat von geringer Trägheit und großer Empfindlichkeit, wenn wir einen geeigneten Bolometerdraht verwenden. Paschen [2]) weist mit seinem Bolometer noch Temperaturdifferenzen von 10^{-6} Grad nach.

[1]) Jaeger und Steinwehr, Verhdl. d. Dtsch. phys. Ges. 353; 1903.

[2]) Paschen, Ann. Phys. 48, 286; 1893.

Schnelle Temperaturänderungen.

Zur Messung geringer und schneller Temperaturänderungen können wir den versilberten Quarzfaden nehmen, der in einem Einthovenschen Saitengalvanometer enthalten ist und für den die Maße ungefähr die folgenden sind:

Dicke des ganzen Fadens $^1/_2$ μ,
Dicke der Silberschicht $^1/_6$ μ,

wobei $\mu = {}^1/_{1000}$ mm ist. Bei einer wirksamen Länge von 2 cm besitzt dieser Silberdraht ca. 5000 Ω. Die höchstzulässige Stromstärke beträgt dabei $4 \cdot 10^{-5}$ Ampere. Der Temperaturkoeffizient ist $\gamma = 0{,}0003$, doch ist eine genaue Bestimmung von γ nicht leicht möglich, da das Silber auf dem Quarzfaden außerordentlich hygroskopisch ist. Jedenfalls ist zu beachten, daß der Temperaturkoeffizient ungefähr zehnmal so klein ist als unter gewöhnlichen Verhältnissen. Bei derartig empfindlichen Messungen ist die größte Sorgfalt auf die Ausmerzung aller, auch der geringsten Fehlerquellen zu verwenden. Zur Vermeidung von Thermoströmen müssen alle Kontaktstellen verlötet sein und auf gleicher Temperatur erhalten werden (Verlegung in Petroleumbäder); ferner ist darauf zu achten, daß der den Silberbolometerdraht durchfließende Strom ersteren nicht erhitzt. Deshalb schaltet man am besten den Strom auf kurze Zeit ein und beobachtet nur, ob die Galvanometernadel in der Nulllage bleibt; läßt sich eine Erhitzung des Meßdrahtes nicht ganz vermeiden, so stellt man den temporären Verlauf dieser Erhitzung fest. Sind die Temperaturänderungen schwankend, so begnügt man sich mit schwächeren Strömen (geringerer Empfindlichkeit). Bei den Messungen kann mit Vorteil die durch den konstanten Strom bedingte Temperatur T des Drahtes als Ausgangstemperatur angenommen werden.

Für schnelle (periodische) Temperaturänderungen fixiert die photographische Platte nach den bekannten Methoden am besten den zeitlichen Verlauf der Strom- bzw. Widerstandskurven (s. Saitengalvanometer).

Nicht genügend beachtet werden häufig die durch schwache Luftbewegungen erzeugten Fehler in der Messung. Da fast jeder Körper mit einer dünnen Feuchtigkeitsschicht umgeben ist, muß schon eine Bewegung der Luft allein eine Beschleunigung der Verdunstung herbeiführen und infolgedessen Abkühlung bewirken. Besonders bei dem oben erwähnten dünnen Drahte von 5000 Ω sind die durch Bewegung des Fingers und durch den Mundhauch sogar noch in beträchtlicher Entfernung verursachten Temperaturänderungen so bedeutend, daß sie ca. 50 Ω, d. h. 1 % ausmachen können. —

Damit durch das Galvanometer G kein Strom geht, muß (Fig. 12) sein

$$W = \lambda \cdot x$$

und

$$W_1 = \lambda \cdot y.$$

λ ist also bekannt (praktisch am besten gleich 1), ebenso x und y. Für die Temperaturänderung $\delta\theta$ besteht die Beziehung

$$\delta\theta = \frac{(1+\lambda)^2 + w_g(1+\lambda) \cdot \left(\frac{1}{x} + \frac{1}{y}\right)}{\gamma \cdot \lambda \cdot J} \cdot i_g;$$

w_g, der Galvanometerwiderstand, und J lassen sich leicht bestimmen (J ist die Stärke des unverzweigten Stromes). γ ist bekannt (s. o.).

Also läßt sich $\delta\theta$ direkt durch die Stromstärkenänderung des Stromes i_g im Galvanometer bestimmen. Letzteres ist ein sogenanntes Saitengalvanometer.

Saitengalvanometer.

Ein Saitengalvanometer (nach Einthoven) besteht aus einem starken Elektromagneten, zwischen dessen Polen ein dünner versilberter Quarzfaden ausgespannt ist.

Nach dem Gesetz von Biot-Savart wird der Faden nach der einen oder anderen Seite abgelenkt, je nachdem der Strom durch ihn fließt. Die Stellung des Fadens wird mit einem Mikroskop beobachtet. Zur Registrierung kleiner und schneller Bewegungen dient ein Edelmannscher Registrierapparat, der aus einer lichtdichten zylindrischen Hülle besteht, in der sich bei der photographischen Aufnahme eine mit lichtempfindlichem Papier bespannte Trommel mit konstanter Geschwindigkeit dreht. Durch einen Schlitz wird gewissermaßen immer nur ein Punkt des Bolometerfadens ausgeschnitten. Infolge der Rotation wird der Lichtpunkt zu einer Kurve ausgezogen; ein vor dem Schlitz sich drehendes Speichenrad entwirft die Zeitmarken.

Die Empfindlichkeit des Galvanometers geht bei aperiodischer Einstellung bis $4 \cdot 10^{-12}$.

Die Einstellungsdauer beträgt dann 5—6 Sekunden. Durch stärkeres Spannen des Quarzfadens wird die Einstellungsdauer weit geringer, erklärlicherweise jedoch auch die Empfindlichkeit. Bei einer Einstellungsdauer von 0,004 Sekunden beträgt die Empfindlichkeit nur noch 10^{-7}.

Berechnung der Temperatur beim Platinthermometer.

Die Widerstandszunahme des Platins ist von seinem Temperaturkoeffizienten abhängig. Ist bei der bekannten Temperatur t^0 der Widerstand w_0, ferner bei der bekannten Temperatur t_1 der Widerstand w_1, und ist bei der zu messenden Temperatur t der Widerstand w, so findet man

$$t = t_0 + \frac{(t_1 - t_0) \cdot (w - w_0)}{w_1 - w_0}.$$

Dabei wird der Temperaturkoeffizient als konstant vorausgesetzt. Ist dieses nicht der Fall, so stellt man sich zweckhaft eine Kurve her, welche die beobachteten Temperaturen als Funktionen der zugehörigen Widerstände angibt (der Temperaturkoeffizient wächst mit den niederen Temperaturen).

Bis ca. 1000°, der Anwendungsgrenze der Widerstandsthermometer, finden wir, wenn w_0, w_{100}, w_t die Widerstände bei den Indextemperaturen bedeuten, eine von der wahren Temperatur t verschiedene, sogenannte Platintemperatur t_p.

Es ist

$$t_p = \frac{100 \cdot (w_t - w_0)}{w_{100} - w_0}$$

und

$$t - t_p = \delta \left[\left(\frac{t}{100}\right)^2 - \frac{t}{100}\right]$$

die Reduktion auf das Gasthermometer [1]), wobei für reines Platin $\delta = 1{,}493$, nach anderen Messungen der Wert 1,5479, also abgerundet $\delta = 1{,}5$ zu setzen ist. Demnach ist dann

$$t = t_p + 1{,}5 \left[\left(\frac{t}{100}\right)^2 - \frac{t}{100}\right]$$

(Formel von Callendar; genau gültig zwischen —23° und +450°).

Wie ersichtlich, erreicht die Differenz $t - t_p$ für hohe Temperaturen einen beträchtlichen Wert, der die Anwendungs-

[1]) Chappius et Harker, Trav. et Mém. du Bur. intern. des Poids et Mes. 12, C 65; 1902.

grenze von 1000° bedingt. Waidner und Burgeß[1]) fanden, daß die Platinthermometer oberhalb des Silberschmelzpunktes Veränderungen erleiden, und zwar auch noch nach einer künstlichen Alterung bei diesen Temperaturen. Die Aenderungen sind am kleinsten bei Drähten von 0,6 mm Durchmesser und frei hängenden Spiralen; sie sind ferner bei reinem Platin kleiner als bei unreinem, wo sie den Anschein erwecken, als ob das Platin immer reiner würde.

Für Temperaturen unter —100° trifft die Formel von Callendar nicht mehr zu.

Zwischen 0° und —200° kann man mit 1% Genauigkeit bei dem gefundenen Widerstand w setzen

$$t = -258{,}3 + 5{,}0567 \cdot w + 0{,}005855 \cdot w^2.$$

Extrapolation ergibt für t = —258° den Widerstandswert 0. (Siehe auch: Berechnung der Temperatur beim Platinthermometer von Jaeger und Steinwehr.)

Waidner und Burgeß[2]) bestätigen die Anwendbarkeit der Formel von Callendar für Platinwiderstandsthermometer zwischen 0° bis 1100°. Die benutzten Konstanten waren 0°, 100° und 444,70° (Schwefel); die entsprechenden Widerstände R_0, R_{100}, R_S. Für reines Platin

$$\delta = 1{,}50 \text{ und } c = \frac{R_{100} - R_0}{100 \cdot R_0} = 0{,}00385 \text{ bis } 0{,}00390$$

wurde gefunden, daß die Callendar-Formel bis 1100° zu Temperaturen führt, die innerhalb der Genauigkeiten des Gasthermometers (1°) mit dessen Angaben übereinstimmen. Bei unreinem Platin (größeres δ, kleineres c) erhält man falsche Werte, ebenso mit Drähten aus reinem Palladium.

So ergaben Messungen des Kupfer-Schmelzpunktes mit verschiedenen Thermometern (statt 1084° nach Holborn und Day)

für $\delta = 1{,}505$ und $c = 0{,}0039$: 1083°
„ $\delta = 1{,}570$ „ $c = 0{,}0021$: 1092°
„ $\delta = 1{,}803$ „ $c = 0{,}0017$: 1106°

Demnach scheinen die Abweichungen in der Nähe des richtigen δ prozentual am meisten Einfluß zu haben.

Die Empfindlichkeit der Messung am Widerstandsthermometer ist proportional der im Widerstande umgesetzten

[1]) W. Waidner and Burgess, Bull. of the Bur. of Stand 6, 150; 1909.
[2]) W. Waidner and Burgess, Phys. Rev. 28, 467; 1909.

Energie[1]), d. h. es ist die Energie gleich $i\sqrt{w}$, so daß die Größe des Widerstandes w auf die erreichbare Empfindlichkeit ohne Einfluß ist, solange i entsprechend variiert werden kann. Ist aber w einmal festgelegt, so bestimmt sich i zu $c_1 = i^2 \cdot w$, wo c_1 eine festlegbare Konstante ist. Die Drahtdimensionen ergeben sich aus der die Abkühlung darstellenden Gleichung

$$u - u_0 = \frac{i^2}{q^{3/2}} \cdot \left(\frac{0{,}239 \cdot \sigma}{2\,h\sqrt{\pi}}\right),$$

in der u die Drahttemperatur, u_0 die konstante Außentemperatur, q der Querschnitt, σ der spezifische Widerstand und h die Konstante der äußeren Wärmeleitung ist. Ist hiernach q ermittelt, so ergibt sich die Drahtlänge l aus:

$$w \cdot \frac{q}{l} = \sigma.$$

Fehlerquellen.

Die Fehlerquellen der Widerstandsmethode sind

1. Abnahme der Empfindlichkeit mit steigender Temperatur,
2. Zerstäubung des Platins,
3. bleibende Widerstandsänderungen durch andauerndes Erhitzen und durch Flammengase,
4. ungenügende Isolation der Schutzkörper in höheren Temperaturen,
5. Erwärmung durch den Strom,
6. Thermoströme in den Leitungen oder an den Verbindungsstellen.

Die Verringerung der Fehlerquellen läßt sich dadurch erreichen, daß man

1. das Platin durch Abschließen gegen die direkte Einwirkung der Flammengase schützt;
2. eine öftere Wiederholung der Kalibrierung vornimmt, um so die bleibenden Widerstandsänderungen zu ermitteln und zu berücksichtigen;
3. die Widerstandsspule möglichst durch Körper isoliert, die in höherer Temperatur keine wesentliche Schwächung ihres Isolationsvermögens erfahren (Quarz). Ist dieses nicht möglich, so soll die Wicklung so erfolgen, daß die einzelnen Drahtwindungen durch die in den höheren

---

[1]) W. Jäger, Ztschr. f. Instrumentenkunde 26, 278; 1906.

Temperaturen leitend werdenden Körper nicht kurzgeschlossen werden können; auch soll die Lagerung des Ganzen dann derartig stattfinden, daß nur die isolierenden kalten Teile mit den übrigen Apparateteilen, bzw. der Erde, in Berührung sind. Beachtet man dieses nicht, so kann, z. B. bei Verwendung von Ton, der (scheinbare) Widerstand der Meßspule in hohen Temperaturen kleiner werden als in niederen Temperaturen;

4. die Erwärmung der Leitungen durch den Strom vermeidet, indem man nur schwache Ströme verwendet. Die Empfindlichkeit leidet nicht darunter, wenn man ein genügend empfindliches Galvanometer nimmt und alle Widerstände annähernd in gleicher Größe wählt. Sind die Widerstände groß genug, so ist eine schwache Temperaturerhöhung der stromführenden Teile zu vernachlässigen. Es ist vorteilhafter, den Strom stärker zu nehmen, da er in der Brücke dem unverzweigten Hauptstrom proportional ist, und der erfolgende größere Ausschlag eine weit empfindlichere Messung gestattet, so daß die außerordentlich geringe Verringerung des Galvanometerausschlages infolge der Widerstandszunahme der Leitungen zu vernachlässigen ist. Man kann auch den Strom nur kurze Zeit einschalten oder die Widerstandsänderung mit der Zeit feststellen, um sie dann später in Rechnung zu bringen;

5. die Thermoströme zu vermeiden oder zu kompensieren sucht. Elektromotorische Kräfte können in jedem Draht entstehen. Ungleiche Dicke der Drähte erzeugt bei Stromdurchgang schwächende oder stärkende Thermoströme; ebenso entstehen diese an geknickten oder ungleich erwärmten Stellen eines Drahtes. Doch kompensieren sich diese Fehler meist durch Stellen im Drahte, bei denen die Bedingung zur Hervorbringung elektromotorischer Kräfte entgegengesetzt liegen. Zum Temperaturausgleich läßt man die Drähte blank; doch müssen sie frei in der Luft liegen (unterwegs keine Apparateteile usw. berühren). Sehr gut ist, wenn angängig, das Einbetten der Drähte in eine nicht leitende Flüssigkeit, wie Petroleum. Die Zuleitungsdrähte werden aus e i n e m Material gewählt; es eignet sich hierzu Messing, da es am wenigsten durch Unsymmetrien des Drahtes beeinflußt wird und da weiterhin die Apparateklemmen zu-

meist aus Messing sind. Uebrigens kompensieren sich Thermoströme an der einen Klemme ungefähr gegen die der anderen Klemme;

6. das Galvanometer außerhalb beeinflussender magnetischer Kräfte aufstellt, oder Galvanometer verwendet, die nur durch den Strom selbst magnetische Kräfte erhalten.

Auch sind bei den elektrischen Methoden und sonstigen Messungen mit elektrischen Strömen die allgemeinen Regeln für Arbeiten mit Strömen zu beachten.

Apparate.

Flächenbolometer von Lummer und Kurlbaum. (Vgl. auch: Optische Temperaturmeßmethoden, Spektralbolometrische Methode.)

Die Empfindlichkeit einer bolometrischen Meßanordnung ist durch das eigentliche Bolometer und durch das Galvanometer bestimmt.

Das Galvanometer sei ein astatisches, dessen vier Rollen von je 1 Ohm hintereinander geschaltet sind; das Magnetsystem sei auf 10″ Schwingungsdauer astatisiert. Der Skalenabstand sei 1000 mm. Durch die Rollen fließe ein Strom von 10^{-6} Ampere.

Als normale Empfindlichkeit E sollen dann die Anzahl Skalenteile verstanden werden, welche bei Stromschluß oder -Oeffnung hervorgerufen werden (die Empfindlichkeit ist dabei der Wurzel aus dem Rollenwiderstand proportional).

Ist J der Hauptstrom der Wheatstoneschen Brücke, ω eine kleine prozentische Widerstandsänderung eines Zweiges, so ist der Strom in der Brücke (d. h. im Galvanometer)

$$i_g = \frac{J \cdot \omega}{8}.$$

Der Ausschlag a des Galvanometers ist

$$a = i_g \cdot E \cdot \sqrt{W},$$

wo W der Galvanometerwiderstand ist.

Wird die Widerstandsänderung ω durch die Bestrahlung eines Bolometerwiderstandes hervorgebracht, so ist ω, wenn ε der Temperaturkoeffizient des Bolometermetalles, t die durch die Bestrahlung verursachte Temperaturdifferenz, l der bestrahlte Teil des Zweigwiderstandes ist

$$\omega = \varepsilon \cdot t \cdot l.$$

Nun ist aber

$$t = \frac{f_1(A) . f_3(F)}{f_2(E) . f_4(W)},$$

wo f_1, f_2, f_3, f_4 mit ihren Argumenten wachsende Funktionen sind und worin bedeutet

A das Absorptionsvermögen der bestrahlten Oberfläche,
E das Emissionsvermögen der gesamten Oberfläche,
F die Oberfläche des Bolometers,
W die Wärmekapazität des Bolometers.

Somit ergibt sich

$$a = \frac{1}{8} . J . \varepsilon . l . E . \sqrt{W} . \frac{f_1(A) . f_3(F)}{f_2(E) . f_4(W)};$$

damit finden wir als Bedingungen für ein empfindliches Bolometer die folgenden:

Möglichst groß werde

1. der Hauptstrom J,
2. der Temperaturkoeffizient ε,
3. der bestrahlte Teil l des Bolometerzweiges,
4. der Widerstand W des Galvanometers,
5. der Absorptionskoeffizient A der bestrahlten Fläche,
6. die bestrahlte Oberfläche F.

Möglichst klein werde

7. das Emissionsvermögen E der Gesamtoberfläche,
8. die Wärmekapazität $W = V_{s, w}$, d. h.
   a) das Bolometervolumen V,
   b) das spezifische Gewicht s,
   c) die spezifische Wärme w,
   (die Dicke des Metalles).

Weitere Bedingungen sind:

9. die verschiedenen Brückenzweige müssen in bezug auf die Widerstände in jeder Beziehung gleich gemacht werden.

Diesen neun Bedingungen genügt das nachstehend beschriebene Flächenbolometer von Lummer-Kurlbaum.

Ein Platinblech wird mit einem ca. zehnmal so dicken Silberblech zusammengeschweißt und ausgewalzt. Die Dicke der Platinschicht ist dann aus den Flächendimensionen leicht zu berechnen; die Dicke kann 1 bis 0,3 μ (0,0003 mm) betragen.

Aus einem solchen Platinsilberblech werden dann mit der Teilmaschine nach Fig. 15 zwölf parallele Streifen herausgeschnitten, welche 32 mm lang, 1 mm breit sind und einen Abstand von 1,5 mm haben.

Dieses Blech wird auf einen Schieferrahmen aufgeklebt, und die Enden an stromzuführende Kupferstreifen angelötet. Darauf wird das Silber mit Salpetersäure abgeätzt und das Blech kalt berußt, wodurch sich der Widerstand nicht mehr wesentlich ändert[1]). Aus einer Anzahl so hergestellter Bolo-

Fig. 15.

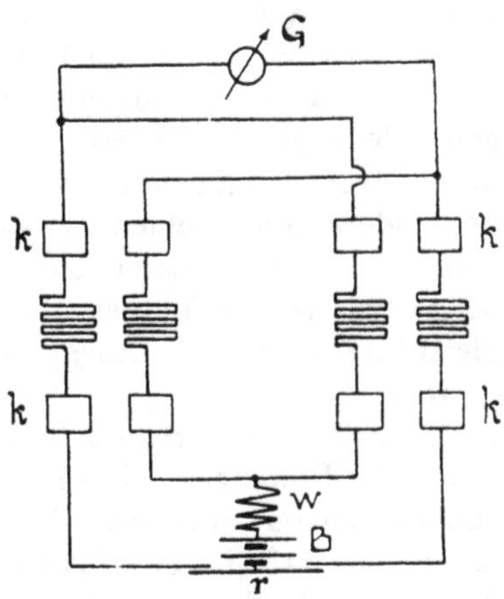

Fig. 16.

meter werden vier möglichst gleiche herausgesucht (ca. 60 Ohm) und nach Fig. 16 in die Wheatstonesche Brückenanordnung geschaltet.

k sind Kupferplatten; die zwischenliegenden Leitungen die Bolometer. B ist die Batterie. Der Rheochord r dient zur Abgleichung.

Da Ruß durchaus nicht alle Strahlen absorbiert, ist es wichtig, das Bolometer in einen Hohlraum einzuschließen, zu dem die Strahlen nur durch eine geringe Oeffnung Zutritt haben, um so den Bedingungen eines absolut schwarzen Körpers gerecht zu werden.

Die Stromstärke in jedem Zweige dieses Bolometers darf 0,04 Ampere erreichen.

---

[1]) Ueber Berußung s. auch: O. Lummer und F. Kurlbaum, Verh. phys. Ges. 14. Juni 1895; G. Crova, C. R. 126, 707; 1898.

Die Trägheit ist so gering, daß jede durch Strahlung verursachte Widerstandsänderung in vier Sekunden beendet ist. Diese Bolometer bewahren sehr gut ihren Nullpunkt und lassen eine Bestimmung bis auf einen wahrscheinlichen Fehler von 0,01 % zu.

Das empfindlichste Galvanometer für bolometrische Zwecke ist von F. Paschen[1]); mit diesem gelingt es, Temperaturänderungen von ein Zehnmillionstel Grad Celsius wahrzunehmen. A. Crova[2]) wollte die Wheatstonesche Brücke zur direkten Widerstandsmessung benutzen, doch dürfte die vorerwähnte Methode von Grunmach (Seite 71) weit geeigneter sein.

Absolute Strahlungsmessung. Zur Bestimmung der absoluten Strahlungsgröße hat K. Angström[3]) die Bolometermethode in der Weise verwendet, daß er zwei gleiche geschwärzte Metallstreifen anwendet, von denen der eine durch Strahlung, der andere durch einen bekannten Strom so viel erwärmt wird, daß das vorher vorhandene elektrische Gleichgewicht wiederhergestellt wird (Kompensationspyrheliometer). Die Temperaturgleichheit wird von Angström durch ein Thermoelement festgestellt.

Kurlbaum verwendet als Empfänger das Lummer-Kurlbaumsche Bolometer, dessen einzelne Zweige so konstruiert sind, daß die Gitter des einen die Zwischenwände des anderen überragen, so daß je zwei zusammen eine Bolometerwand bilden, deren strahlende Oberfläche genau ausgemessen werden kann.

Damit der Heizstrom, welcher das elektrische Gleichgewicht wiederherstellt, die Messung der durch ihn erzeugten Temperaturerhöhung des Bolometers nicht stört, bildet dieses als Ganzes wiederum einen Zweig einer Wheatstoneschen Brückenkombination.

Ist die in Ampere gemessene Stromstärke i, w der in Ohm gemessene Bolometerwiderstand, so ist die Strahlungsenergie gleich $0,239 \cdot i^2 \cdot w$, wenn die durch Strahlung und Heizstrom erzeugten Temperaturerhöhungen gleich sind. Kurlbaum findet durch Ausmessung

$$S_{100} - S_0 = 0,0176 \text{ Grammkalorien,}$$

$$\text{oder } S_{100} - S_0 = 0,0731 \frac{\text{Watt}}{\text{cm}^2} = 7,31 \cdot 10^5 \frac{\text{Erg}}{\text{cm}^2/\text{sec}}.$$

---

1) F. Paschen, Ann. Phys. 48, 272; 1893.

2) A. Crova, Ann. chim. et phys. (6) 29, 137; 1893.

3) K. Angström, Ann. Phys. 51, 591; 1894. 61, 417; 1897. 65, 746; 1898.

Für die Strahlungskonstante σ des Stefan-Boltzmannschen Gesetzes ergibt sich dann

$$\sigma = 1{,}28 \, . \, 10^{-12} \frac{\text{Grammkalorien}}{\text{cm}^2 \, . \, \text{sec}} = 5{,}32 \, . \, 10^{-12} \frac{\text{Watt}}{\text{cm}^2}$$

$$= 5{,}32 \, . \, 10^{-5} \frac{C^2 \, G}{S^3 \, . \, C^2} = [G \, S^{-3}] \, .$$

V a k u u m b o l o m e t e r. Es ist des öfteren beobachtet worden, daß das Bolometer im Vakuum eine bessere Wirkung zeigt, als im normalen Luftdruck; je schmaler der Bolometerstreifen ist, desto größer ist der Verlust durch Luftleitung im Vergleich zu dem Verlust durch Ausstrahlung, um so günstiger demnach ein Evakuieren. Allgemein ist die Empfindlichkeit im Vakuum um 50%, in CO_2 um 17% größer.

Bei Messungen an Wärmestrahlen fällt dagegen wieder die Undurchlässigkeit des umschließenden Glases für Strahlen langer Wellenlänge ins Gewicht. Es wird daher über die Anwendung von Fall zu Fall zu entscheiden sein.

Das Evakuieren geschieht bis auf etwa 2 cm Quecksilberdruck mit der Wasserluftpumpe. Darauf wird ein seitliches, mit Kokusnußkohle gefülltes Rohr auf die Temperatur der flüssigen Luft gebracht; dadurch entsteht das genügende Vakuum. Das Rohr kann man nun evtl. abschmelzen. Dabei ist jedoch zu beachten, daß diese Manipulation an einer bereits zuvor verjüngten Stelle möglichst schnell und unter Verwendung einer möglichst kleinen Fläche zu geschehen hat, da sonst durch das glühende Glas Gas diffundiert.

T i e f e T e m p e r a t u r e n. Wien und Holborn wickelten, um sehr tiefe Temperaturen zu messen, den Platindraht bifilar auf ein Glimmerkreuz von 45×13 mm auf und schlossen dieses in eine Glasbirne. Der benutzte Draht hatte 0,05 mm Durchmesser und war mit Zuleitungen von 0,5 mm verbunden. Der gesamte Widerstand befand sich in der Mitte des Thermometergefäßes, in das die Zuleitungen eingeschmolzen waren.

Auf Grund von Messungen in fester Kohlensäure, flüssiger Luft, sowie einem Bade von 0^0 wurde folgende Formel abgeleitet:

$$t = -258{,}3 + 5{,}0567 \, . \, w + 0{,}005855 \, . \, w^2,$$

wo w den gemessenen Widerstand bedeutet; bei 0^0 war $w = 48{,}37$ Ohm.

Die Gleichung gibt die Temperatur mit einer Genauigkeit von 1° wieder.

Um Kondensation der Wasserdämpfe auf dem Glimmer, und dadurch Nebenschlüsse, zu vermeiden, bringt Rothe[1]) an dem Thermometer eine Trockenvorrichtung an. Kamerlingh Onnes[2]) hat eine Vergleichung des Wasserstoffthermometers mit dem Widerstandsthermometer bis —259° durchgeführt. Es zeigte sich, daß die Aenderung des Temperaturkoeffizienten bei Bruch und Wiederaufwinden des Drahtes verschwindend klein ist, jedoch hat die Herstellungsart einen großen Einfluß. Die Meßgenauigkeit bei —259° ergab sich für das Widerstandsthermometer und Wasserstoffthermometer von ungefähr der gleichen Größe. Die einzelnen Bestimmungen sind glaubhaft bis zu einem Betrage, der unterhalb 0,02° liegt. Wegen der Schnelligkeit der Bestimmung ist das Platinthermometer geeigneter.

Da der Widerstand des Goldes bei tiefen Temperaturen beträchtlich langsamer abnimmt als der Platinwiderstand, und da die Widerstandskurve des Goldes mehr dem absoluten Nullpunkt zustrebt, scheint für Extrapolationswerte das Goldwiderstandsthermometer günstiger zu sein.

Kamerlingh Onnes gibt für den Platinwiderstand an bis —205°

$$w_t = w_0 \left[1 + 0{,}393008 \frac{t}{100} - 0{,}0_2 73677 \left(\frac{t}{100}\right)^2 + 0{,}0_3 58386 \left(\frac{t}{100}\right)^3\right],$$

bis —259°

$$w_t = w_0 \left[1 + 0{,}412793 \frac{t}{100} + 0{,}013812 \left(\frac{t}{100}\right)^2 + 0{,}012683 \left(\frac{t}{100}\right)^3 + 0{,}056221 \left(\frac{10^2}{T} - \frac{10^2}{273{,}09}\right) - 0{,}0033963 \left(\frac{10^4}{T^2} - \frac{10^4}{(273{,}09)^2}\right)\right],$$

t in der Celsius-, T in der absoluten Skala ausgedrückt. Der Wendepunkt liegt hiernach bei —180°.

Für den Goldwiderstand wird angegeben bis —259°

$$\frac{w_t}{w_0} = 1 + 0{,}394548 \frac{t}{100} + 0{,}0200118 \left(\frac{t}{100}\right)^2 + 0{,}0102889 \left(\frac{t}{100}\right)^3 + 0{,}0229106 \left(\frac{100}{T} - \frac{100}{273{,}09}\right) - 0{,}00094614 \left[\left(\frac{100}{T}\right)^2 - \left(\frac{100}{273{,}09}\right)^2\right].$$

---

[1]) Rothe, Ztschr. für Instr. 1904.

[2]) K. Onnes, Proc. Amsterdam, 10, 422; 1907. Comm. Phys. Labor. Leiden Nr. 101 a.

Der Wendepunkt liegt demnach bei —220°. Die Messungen ergeben, daß Gold bis — 217° sicher, bis — 259° wahrscheinlich sehr geeignet als Widerstandsmaterial für die Bestimmungen tiefer Temperaturen ist.

Das Siemensplatinpyrometer besteht aus einem auf feuerfesten Ton gewickelten Platindraht von 10 Ω (in höheren Temperaturen isoliert Ton nicht mehr genügend). Das Ganze ist von einer Platinhülle eingeschlossen.

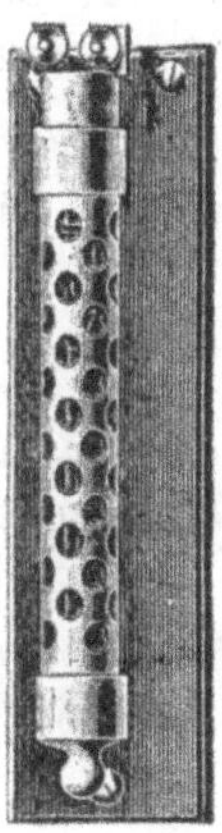

Fig. 17.

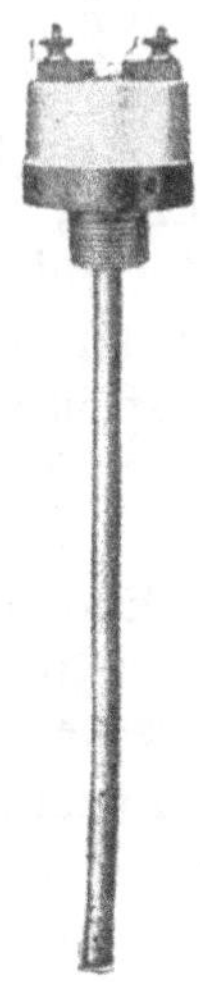

Fig. 18.

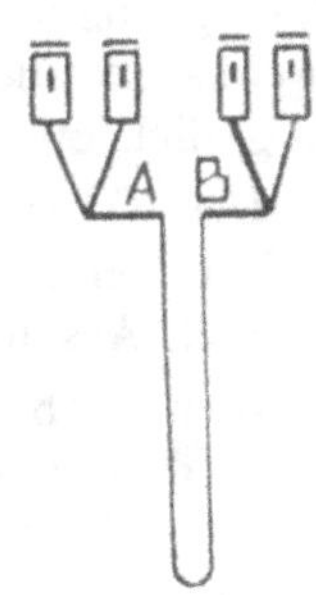

Fig. 19.

Siemens & Halske schmelzen die Platinspirale nach einem Verfahren von Heraeus in Hanau in Quarz ein. Der Platindraht wird auf eine Quarzkapillare gewickelt und eine zweite Quarzkapillare übergeschoben, worauf die Enden verschmolzen werden. Das Thermometer ist von —100° bis +900° verwendbar. Die Konstanz des Widerstandes ist derartig, daß die Physikalisch-Technische Reichsanstalt diese Widerstandsthermometer beglaubigt. Figur 17 zeigt ein solches Thermometer; Figur 18 zeigt das gleiche Instrument in einem auf 20 Atmosphären geprüften Stahlrohr.

Die praktischen Anlagen mit in Celsiusgraden geeichten Anzeigeapparaten erfordern eine konstante Stromquelle von bestimmter Spannung. Man läßt dann den Strom im Differentialzweig nicht Null werden, sondern mißt ihn mit Hilfe eines in Grade geteilten Präzisions-Millivoltmeters nach Deprez-d'Arsonval.

Man wendet die Widerstandsthermometer in Fabriken, Kühlräumen, Lagerräumen, Theatern usf. an (zwischen — 20° und + 400°).

Ein Vorteil ist die Unabhängigkeit von der Umgebungstemperatur und die jederzeitige Kontrolle der Räume von einer Zentralstelle aus, wobei nur ein Anzeigeapparat nötig ist (Umschalter).

Platinthermometer von Jaeger und Steinwehr. Das von Jaeger und H. v. Steinwehr konstruierte Widerstandsthermometer besteht (s. Fig. 19) aus einem ca. 30 cm langen, $^1/_{100}$ mm dicken Platindraht, dessen Enden bei A und B an Kupferdrähte angelötet sind (Widerstand ca. 4,5 Ohm).

Der Platindraht ist durch ein Glasrohr von 15 mm Durchmesser gezogen; das Glasrohr ist an den Lötstellen mit Schwefel ausgegossen und am Austritt der Zuleitungsdrähte mit Schelllack gedichtet und isoliert.

Das Ganze ist auf einer Ebonitplatte montiert. Wie aus der Figur ersichtlich ist, ist jedes freie Ende des Platindrahtes mit zwei Anschlußklemmen versehen.

Beim Gebrauch muß der Apparat bis ca. 10 mm über die Lötstellen in das zu messende Heizbad eintauchen, für welches man am sichersten Petroleum nimmt.

Widerstandsmessung mit dem übergreifenden Nebenschluß. Zur Messung des Widerstandes bedient man sich der F. Kohlrausch'schen Methode des übergreifenden Nebenschlusses.

Das Galvanometer ist ein Differentialgalvanometer, d. h. die beiden Spulen sind in demselben Sinn gewickelt, jedoch so parallel geschaltet, daß der Strom sie im entgegengesetzten Sinne durchfließen muß. Sind die Verhältnisse der Spulen in allem symmetrisch, so muß die Nadel in Ruhe bleiben.

Es ist zu prüfen:

1. Ob die Ströme gleich sind, wenn die Nadel in Ruhe ist.
   Dazu schickt man den Strom hintereinander und entgegengesetzt durch die Windungen. Erfolgt ein Ausschlag, so nimmt man von einer Spule einige Windungen fort, bis der Ausschlag verschwindet.

2. Ob die Widerstände der Spulen gleich sind, wenn die Nadel in Ruhe ist.

Dazu schickt man den Strom gleichzeitig entgegengesetzt durch die Windungen. Erfolgt ein Ausschlag, so fügt man einer Spule Widerstände hinzu, bis die Nadel wieder auf Null einsteht.

Das Schaltungsschema des übergreifenden Nebenschlusses mit dem Widerstandsthermometer ist das folgende (Fig. 20):

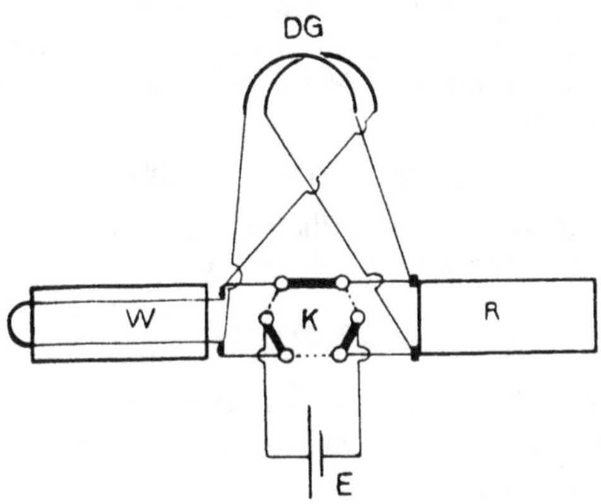

Fig. 20.

DG sei das Differentialgalvanometer, W das Widerstandsthermometer, R ein Rheostat, E ein Element, K ein sechsnäpfiger Kommutator.

Der Kommutator gestattet, das Element nach Belieben in den oberen oder unteren (direkten) Verbindungsdraht von W und R einzuschalten.

Am Kommutator geben die ausgezogenen Linien die Stellung der Kupferbügel an, wenn das Element in den, in der Figur unteren Draht eingeschaltet ist; die punktierten Linien geben die Stellung für den entgegengesetzten Fall an.

Der Ausschlag des Galvanometers verschwinde bei obiger Schaltung mit dem Widerstande W und dem gestöpselten Widerstande R'.

Nach Verlegung des Elementes in den oberen Draht verschwinde er bei W und R''.

Dann ist

$$W = {}^1/_2 \, (R' + R'').$$

Bleibt die Nadel nach Verlegung des Elementes in den anderen Draht in Ruhe, so ist

$$W = R'.$$

Die Stromstärke im Widerstandsdraht soll 0,05 Ampere nicht überschreiten. Die erzielte Vergleichsgenauigkeit dieser Methode ist außerordentlich groß. Ihr Verwendungsbereich liegt bei Anwendung der geeigneten Widerstandsthermometer in den Grenzen der Anwendbarkeit der Widerstandsmethoden.

Berechnung der Temperatur beim Platinthermometer von Jaeger und Steinwehr. Jaeger und Steinwehr[1]) fanden für das Platinthermometer den Widerstand bei der Temperatur t als

$$w_t = w_0 (1 + 0{,}0039648 \,.\, t - 0{,}0000005835 \,.\, t^2).$$

Die Temperatur t_p des Platinthermometers ergab sich von der Wasserstofftemperatur verschieden um

$$t_p - t = 0{,}01493 \left(t - \frac{t^2}{100}\right).$$

Für 0° und 100° muß $t_p - t$ gleich 0 sein. Bei 50° liegt das Maximum der Differenz mit dem Wert 0,373°.

Holborn[2]) fand

$$w_t = w_0 (1 + 0{,}003966 \,.\, t - 0{,}000000582 \,.\, t^2),$$

und

$$t_p - t = 0{,}01489 \left(t - \frac{t^2}{100}\right).$$

Die mit dem beschriebenen Thermometer vorgenommenen Bestimmungen der spezifischen Wärme des Wassers zeigten eine sehr gute Uebereinstimmung, da die Abweichung der einzelnen Versuche nur 0,0002 vom Mittelwert betrug.

2. Thermoelektrische Methode.

Prinzip.

Die thermoelektrische Methode der Temperaturmessung beruht auf der Messung der elektromotorischen Kraft eines Thermoelementes, die von der zu bestimmenden Temperatur erzeugt ist.

---

1) Jaeger und Steinwehr, Verhdl. d. Dtsch. Phys. Ges. 360; 1903.
2) Holborn, Ann. Phys. 6, 251; 1901.

Lötet man zwei Drähte von verschiedenem Metall an einem Ende aneinander und erhitzt die Lötstelle, so erhält man in einem, die freien Enden verbindenden Draht einen Strom. Die Stärke des Stromes ist der Temperatur fast proportional. Verbindet man die freien Enden des Thermoelementes mit einem Galvanometer, so kann man, falls die Abhängigkeit der Stromstärke von der Temperatur einmal durch eine Kurve festgelegt ist, aus der Stromstärke auf die Temperatur schließen.

Erfährt das eine Metall des Thermoelementes im Laufe der wechselnden Temperaturen keine molekularen Veränderungen (z. B. Platin und Kupfer), und erfolgt eine solche Aende-

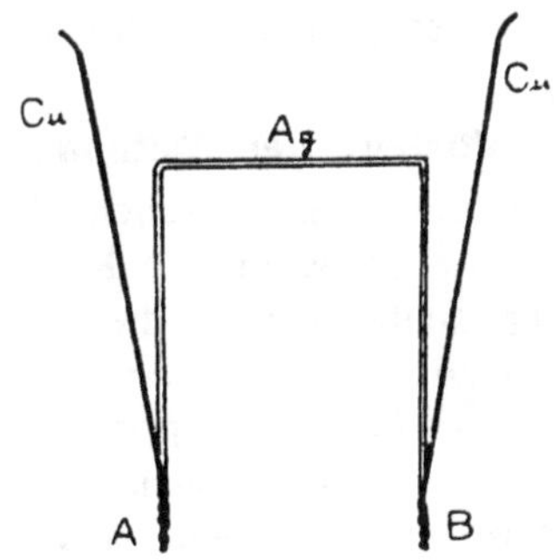

Fig. 21.

rung bei dem anderen Teile des Elementes (Eisen, Stahl, Nickel, Kobalt), so folgt die Kurve keinem einfachen Gesetze, sondern zeigt Maxima und Minima; so hat z. B. ein Platin—Eisen-Thermoelement bei 380° und 940° ein Minimum, bei 890° dagegen ein Maximum.

Die Temperaturdifferenz der Lötstelle gegen die übrigen Teile des Thermoelementes ist relativ. Deshalb gibt man dem Thermoelement die vorstehende Form (Fig. 21).

Cu seien Kupferdrähte, Ag ein Silberdraht, A und B die Lötstellen.

Eine der Lötstellen wird nun der zu messenden Temperatur ausgesetzt, während die andere Lötstelle in eine Mischung von Wasser und Schnee, d. h. in ein Bad von 0° taucht. In diesem Bad ist uns ein Fixpunkt gegeben; wir bestimmen nun als Temperatur die Differenz von A gegen B.

Annäherungsweise Temperaturbestimmung.

Jetzt können wir schon zwar primitiv, doch angenähert eine Temperatur bestimmen. Wir nehmen an, daß der Galvanometerausschlag der Temperatur proportional ist. Nun tauchen wir z. B. A in ein Bad von 0° und B in ein Bad von 100°. Der erfolgende Galvanometerausschlag betrage 5 Skalenteile. Dann nehmen wir die Lötstelle A aus dem Bad von 0° heraus und bringen sie in ein Bad von z. B. geschmolzenem Blei[1]). Der Ausschlag betrage 12,1 Skalenteile. Dann verhält sich

$$\frac{x - 100}{12,1} = \frac{100}{5},$$

und es ergibt sich für x, den Schmelzpunkt des Bleies, 343°. Der wahre Schmelzpunkt ist 327°; demnach beträgt der Fehler rund 5%.

Vorteile der Methode.

Der Vorteil der thermoelektrischen Methode besteht darin, daß sie noch anwendbar ist, wenn die Räume physikalisch schon beinahe punktförmig sind. Durch die geringe Masse der erhitzten Lötstelle sind die Angaben fast momentan, eine Eigenschaft, die besonders für Registrierapparate von Wert sein kann. Auch sind die erhaltenen Werte leicht bis auf 0,1% genau zu machen und behalten jahrelang eine ausgezeichnete Vergleichbarkeit bei. Die Kontrollkalibrierung kann ohne große Schwierigkeiten vorgenommen werden. Ferner spielen die Druckverhältnisse keine merkliche Rolle, und was sehr wichtig ist, die Empfindlichkeit nimmt mit der Temperaturerhöhung nicht ab.

Fehlerquellen.

Durch die Eigenart der verwendeten Mittel der thermoelektrischen Methode ist eine Hauptfehlerquelle in der unbeabsichtigten Erzeugung von Thermoströmen gegeben. Wenn man bedenkt, wie verhältnismäßig schwache Ströme zur Verwendung gelangen, wird leicht einzusehen sein, daß auf das sorgfältigste vermieden werden muß, einen wilden Thermostrom zu erzeugen. Der letztere kann unter den Bedingungen des Peltier- oder des Thomsoneffektes entstehen.

[1]) Es ist besser, das Element etwas über die Lötstelle hinaus der zu messenden Temperatur auszusetzen; der erhöhte Widerstand wird reichlich durch die verminderte Wärmeableitung kompensiert. Am besten wird die Abhängigkeit des Galvanometerausschlages von den Eintauchtiefen beobachtet und evtl. die günstigste Stellung äußerlich am Element markiert.

Wilde Stromquellen. Der Peltiereffekt tritt z. B. an der Verbindungsstelle zweier verschiedener Drähte auf, wenn sie sich auf einer höheren oder tieferen Temperatur als die Drähte befindet.

Der Thomsoneffekt der Erzeugung thermoelektrischer Kräfte tritt auf, wenn ein gleicher Draht ungleich erwärmt wird; doch ist die Wirkung nur abhängig von dem Strom, der (etwa durch verschiedene Umhüllung) einige Teile des Drahtes höher erwärmt. Doch auch ein verschieden dicker Draht weist elektromotorische Kräfte auf, da ihn der Meßstrom verschieden erwärmt. Diese Wirkung ist sowohl eine Funktion der Stromstärke als auch der Zeit. Man wird deshalb den Meßstrom nur bei Gebrauch einschalten, um mit einiger Sicherheit anzunehmen, daß der Thomsoneffekt nicht eingetreten ist. Dieser Fehler läßt sich auch dadurch beseitigen, daß man einige Zeit eingeschaltet läßt und nun beobachtet, ob und wieviel der Ausschlag in dieser Zeit zurückgeht oder steigt. Diese Beobachtungen notiert man sich dann in einer Kurve, um bei späteren Messungen den betreffenden Betrag der entsprechenden Zeit in Rechnung zu setzen. Meistens werden sich diese Wirkungen jedoch kompensieren.

Le Chatelier erhielt, wenn er ein gleich langes Stück gleichen Drahtes an verschiedenen Stellen desselben auf die gleiche Temperatur brachte, jedesmal verschiedene Werte, und zwar bald 200, bald 500 und sogar 1000 Mikrovolts.

Derartige Drähte sind nun zur Herstellung eines Thermoelementes unbrauchbar. Wir müssen also die zur Verwendung bestimmten Drähte daraufhin untersuchen, ob beim gleichen Erhitzen gleicher Drahtstücke die Thermokräfte immer die gleichen sind. Sind die Drähte nicht vorher so auf ihre Homogenität hin geprüft, so sind die erhaltenen Werte wahrscheinlich unbrauchbar.

Besonders sorgfältig sind Eisen- und Nickeldrähte zu untersuchen, wogegen Platin und Silber meist homogen sind.

Soweit die Drähte in das Temperaturbad eintauchen, ist ihre Homogenität von keiner besonderen Wichtigkeit. Anders liegt der Fall jedoch, wenn die Stellen des Drahtes, wo ein Temperaturgefälle stattfindet, inhomogen sind. Denn ist τ die Temperatur und e der thermoelektrische Spannungskoeffizient, so ist die elektromotorische Kraft E an irgendeiner Stelle gegeben durch

$$E = \int e \, . \, d\tau,$$

d. h. bietet eine Stelle im Drahte Gelegenheit zur Entstehung einer (wilden) elektromotorischen Kraft, so ist der dadurch entstandene Fehler um so größer, je stärker an der betreffenden Stelle $d\tau$, das Temperaturgefälle, ist. Für den eingetauchten Teil ist naturgemäß aber

$$d\tau = 0,$$

so daß dort eine Inhomogenität nicht wesentlich in Betracht kommt. Daraus ergibt sich dann ohne weiteres, daß die Drähte besonders in der Nähe der Eintauchstellen sehr sorgsam auf ihre Homogenität hin geprüft werden müssen.

Verunreinigungen. Starke Verunreinigungen bilden oft die Ursache, daß Metalle bei einigen Temperaturen homogen erscheinen, während sie bei anderen Temperaturen vollkommen heterogen sind. Infolgedessen müssen die Drähte innerhalb der für das Thermoelement bestimmten Grenzen auf ihre Homogenität hin geprüft werden.

Schlechte Behandlung. Zu vermeiden ist das Zusammendrehen, Biegen und Knicken von homogen gefundenen Drähten, weil dadurch (unkompensierbare) Quellen für elektromotorische Kräfte entstehen können.

Unter den Platinverbindungen ist bei dem Platin-Iridium die größte Vorsicht walten zu lassen, da es für Knickungen und dergleichen am empfindlichsten ist.

Beseitigung von Fehlerquellen.

Man beseitigt unvermeidliche Fehlerquellen, indem man bei den Messungen den Strom kommutiert und aus den erhaltenen Werten das Mittel nimmt. Doch muß der Galvanometerausschlag für gleiche Ströme beiderseits derselbe sein (vorher zu bestimmen), oder man kommutiert nicht den Strom im Galvanometer.

Vermeidung hoher Temperaturen. Platiniridium und Platinrhodium werden nach längerem Erhitzen auf 1000° brüchig (nach Le Chatelier wahrscheinlich infolge von Kristallisation). Am schnellsten geschieht dieses Brüchigwerden bei Platiniridium, dann bei Platinrhodium. Platin selbst hält hohe Temperaturen sehr lange gut aus. Sind Elemente längere Zeit hohen Temperaturen ausgesetzt gewesen, so hat also eine Prüfung der Elementkurven zu erfolgen.

Ist Platin, z. B. mit Kupfer, zu einem Element verbunden, so wird es in der Nähe des Schmelzpunktes vom Kupfer brüchig, da es an seiner Oberfläche mit dem Kupfer Legierungen eingeht; deshalb soll man nicht bis zu dem Schmelzpunkte des einen Metalles herangehen, sondern 100° darunter bleiben. Diese Fehlerquelle bestimmt für jedes Element die obere Anwendungsgrenze.

Verbinden der Drähte. Zum Verbinden der Drähte benutzt man die autogene Schweißung. In der Knallgasflamme bildet das eine Metall, das zuerst schmilzt, einen Tropfen, der dann das andere Metall einschließt und mit ihm eine Legierung bildet. Zur Vermeidung allmählicher Aenderung in der elektromotorischen Kraft muß man die Lötstelle noch 3 bis 4 Stunden auf 100° unter den Schmelzpunkt des am leichtesten schmelzenden Metalles erhitzen.

Als Verbindungsdrähte der Apparate benutzt man blankes Messing, da es dem Peltier- und Thomsoneffekt am wenigsten unterworfen ist. Doch müssen die Drähte von einem gleichen Drahtstück abgenommen sein, da verschiedene Legierungen wesentlich andere Wirkungen besitzen.

Die Stromunterbrecher sollen Quecksilberunterbrecher mit gut amalgamierten Kontaktstücken sein. Ferner hat man Anhauchen oder Berühren von Klemmen usw. zu vermeiden.

Isolierung der Meßanordnung. Sind vagabundierende Ströme zu befürchten (in der Nähe von Dynamomaschinen, Straßenbahnen usw.), so sind die Apparate und Drähte gegen den Erdboden zu isolieren[1]). Wie erheblich durch Erdströme oder schlechte Isolierung verursachte Fehler sein können, weiß jeder Elektrotechniker; besonders bei Messungen von geringen Temperaturdifferenzen können die Ergebnisse völlig wertlos werden.

Es ist also das Hinzukommen fremder, sowie das Austreten eigener Ströme zu verhindern.

Apparate.

Technische Pyrometer. Bei den technischen Pyrometern vernachlässigt man meist die Temperatur der Anschlußklemmen, da die Thermometer so lang sind, daß die Temperatur

[1]) Siehe auch Grunmach, Ann. d. Phys. 22, 148; 1907.

der Lötstelle keinen merklichen Einfluß auf die Klemmentemperatur ausübt.

Die Apparate, welche die Temperatur anzeigen, sind durchschnittlich so gebaut, daß sie im stromlosen Zustande eine

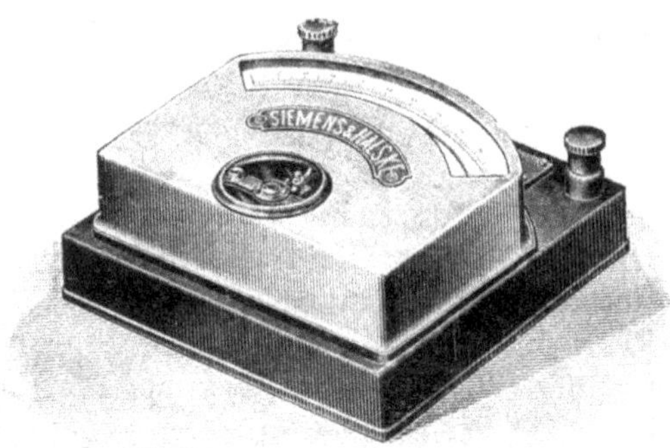

Fig. 22

mittlere (Zimmer-) Temperatur anzeigen; doch versehen die Fabriken sie oft noch mit einer Einrichtung zur Aenderung der Nullstellung.

Die Anzeigeapparate — Millivoltmeter nach Deprez-d'Arsonval — haben eine in Celsiusgrade geteilte Skala; zuweilen

Fig. 23.

außerdem eine Millivoltskala. Fig. 22 und 23 zeigen solche von der Firma Siemens & Halske gebaute Apparate.

Die durchschnittlich einen Meter langen Thermoelemente verwendet man besonders an schwer zugänglichen Stellen und bei Zentralisation der Meßanlage, z. B. in Glashütten, Gießereien, Chemischen Fabriken, Hochöfen usw.

Man benutzt außer dem noch näher zu besprechenden Platin—Platinrhodiumelement, dessen Material sehr rein hergestellt werden kann, Elemente von Platin—Platiniridium, jedoch nur bis 1100°. Das Material ist zwar billiger, doch auch nicht ganz so rein, wie das des Platin—Platinrhodiumelementes von Le Chatelier. Die Elemente sind wenig beständig, so daß sie vorläufig von der Physikalisch-Technischen Reichsanstalt nicht geeicht werden.

Bis 600° kommen noch Elemente von Konstantan-Silber zur Verwendung, und endlich für das Intervall —190° bis +100° Elemente von Kupfer und Konstantan. Als Drahtdicke für alle Elemente ist 0,5 mm gebräuchlich.

T i e f e T e m p e r a t u r e n. Tiefe Temperaturen (bis —204°) mißt man mit dem Konstantan—Eisenelement (das Platin—Platinrhodiumelement wird in der Kälte unempfindlich).

Die Kurve des Konstantan-Eisenelements verläuft fast gradlinig und ist um so mehr geeignet, als Konstantan dem Wismut nahe steht und daher große elektromotorische Kräfte liefert.

Auch Elemente aus elektrolytisch abgeschiedenem Kupfer und aus Neusilber kommen in Frage. Man vergleicht die Angaben möglichst weit mit dem Wasserstoffthermometer (s. Gasthermometer).

v. Wroblewski[1]) verglich die elektromotorische Kraft seines Kupfer—Neusilberelementes mit dem Wasserstoffthermometer. Als Vergleichstemperatur wählte er den Siedepunkt des Wassers, den Schmelzpunkt des Eises, die Siedetemperatur des Aethylens unter atmosphärischen Druck und die Siedetemperatur des Aethylens unter dem Druck von 30 mm Quecksilber. Die elektromotorische Kraft wurde durch ein hochempfindliches, aperiodisches Spiegelgalvanometer von hohem Widerstande gemessen.

Die Ausschläge α und die Temperaturen t ergaben sich nach der folgenden Tabelle:

t:	+ 99,21	± 0	— 102,94	— 130,98
α:	+ 14,164	± 0	— 10,763	— 12,857.

α ist dabei in Zentimetern ausgedrückt. Die Beobachtungen lassen sich vollkommen durch die Formel

[1]) v. Wroblewski, Wied. Ann. 25, 391; 1885.

$$t = 7{,}3256 \,.\, \alpha - 0{,}12749 \,.\, \alpha^2 + 0{,}007399 \,.\, \alpha^3$$

darstellen.

v. Wroblewski zeigt dann, daß die Formel noch für Temperaturen unter —131° gilt, da die Ausschläge bei —184° (Sauerstoff) und —193° (Stickstoff) noch Uebereinstimmung mit der daraus berechneten Temperatur ergaben.

Für Konstantan—Eisen wurde zwischen 0° und —190° die Beziehung gefunden[1]):

$$t = -0{,}01780 \,.\, e - 0{,}0000008784 \,.\, e^2.$$

Während das Thermoelement Gold—Silber bei gewöhnlichen Temperaturen unbrauchbar und unempfindlich ist, wächst die Empfindlichkeit in der Region des siedenden Wasserstoffes bedeutend. Beim Eisen—Konstantanelement nimmt die Empfindlichkeit in dieser Region dagegen stark ab. Die nachstehende Tabelle gibt die von Kamerlingh Onnes[2]) angeführten Werte.

t	EMK in Millivolts	
	Au-Ag	Konstantan-Fe
— 216,01	0,11972	—
— 217,42	—	6,8310
— 252,86	0,24742	—
— 252,93	—	7,1315
— 255,34	0,26304	—
— 258,61	0,28912	—
— 259,24	—	7,1585

Das Element von Le Chatelier.

Am meisten findet das Elektropyrometer von Le Chatelier Verwendung. Es besteht aus Platin und einer Legierung von Platin mit 10% Rhodium.

Mit zunehmendem Rhodiumgehalt steigt zwar die elektromotorische Kraft, doch wird der Draht spröder und außerdem erheblich teurer. Die Drähte werden so lang gemacht, daß die freien Enden keine Temperaturerhöhungen mehr aufweisen.

Man schiebt über den Platindraht ein ca. 50 cm langes Porzellanrohr, doch so, daß die Lötstelle von dem Ende des Rohres noch mindestens 15 cm entfernt ist.

---

[1]) Holborn und Wien, Ann. Phys. 59, 213; 1896.

[2]) Kamerlingh Onnes, Proc. Amsterdam 11, 344; 1908.

Das Ganze wird dann von einem weiteren, unten geschlossenen Porzellanrohr ohne Berührung umgeben. Damit ist erreicht, daß das Element nicht direkt der Wirkung der Heizgase ausgesetzt ist. Sollte dieses jedoch — z. B. durch Zerspringen oder durch Rissigwerden des äußeren Rohres — einmal eintreten, so genügt ein Ausglühen in reiner Luft, um die bewirkte Aenderung der elektromotorischen Kraft des Elementes wieder rückgängig zu machen (bei den Widerstandsthermometern ist die durch Heizgase bedingte Widerstandsänderung bleibend).

Der Widerstand der gebräuchlichen Thermoelemente beträgt im kalten Zustand ca. 2 Ω

Die Widerstandsänderung für die Temperatur t ist für das Platin—Platinrhodiumelement gegeben durch

$$\omega t = 27\ (1 + 0{,}0013\ .\ t)\ \text{Mikroohm}$$

für die Grenzen 0° bis 1000° (nach Le Chatelier).

Ein Draht von 1 m Länge (d = $^1/_2$ mm) hat also bei 650° einen doppelt so hohen Widerstand als bei gewöhnlicher Temperatur.

Mit einem Galvanometer von 200 Ω ist demnach der Fehler, der durch Vernachlässigung dieser Vermehrung des Widerstandes entsteht, 1%, für genaue Messungen also viel zu groß. Deshalb macht man für letztere Zwecke die Thermoelemente kürzer und dicker und achtet darauf, daß die Enden in einem Wasser—Schneebad sicher auf 0° gehalten werden. Der Fehler läßt sich damit auf 0,1% verringern.

Man nimmt für die Messungen Torsionsgalvanometer nach Deprez-d'Arsonval. Hat das Galvanometer nicht mindestens 200 Ω, so kann man zur Not Widerstände vorschalten; doch verringert sich dann evtl. die Empfindlichkeit der Messung.

Die Temperatur läßt sich zwischen 0° und 600° ungefähr auf $\pm$ 2°, d. h. auf $^1/_3$% genau feststellen; zwischen 600° und 1000° beträgt die Annäherung bei genügend genau ausgeführten Messungen $\pm$ 3°, im allgemeinen aber $\pm$ 5°, d. h. $^1/_2$%.

Aufwärts kann das Element bis 1700° verwendet werden, doch geht man möglichst nicht über 1600°, da sich kurz vor dem Schmelzpunkt des Platins Legierungen bilden können, welche die elektromotorische Kraft des Elementes stark beeinflussen.

Abwärts verwendet man es bis +200°. Bei noch tieferen Temperaturen wird die Empfindlichkeit zu gering, so daß ein gewöhnliches Quecksilbernormalthermometer bequemer und genauer ist, als die Anordnung und Messung bei den elektrischen Methoden.

Zu beachten ist, daß die Elemente untereinander alle etwas in ihren Angaben differieren, da Platin nie absolut rein ist und außerdem die Legierung bei jedem Guß etwas anders ausfällt.

Porzellan verliert von 900° an seine Isolierfähigkeit, so daß Ströme von einem elektrisch geheizten Ofen in das Thermoelement gelangen können, und umgekehrt der Thermostrom zum Teil in die Erde gehen kann. Die durch ersteres entstandenen Fehler betragen 10% und mehr; deshalb läßt man das Rohr, in dem das Thermoelement lagert, an seinen kalten Enden auf Porzellanringe aufliegen. Dadurch erreicht man, daß der erhitzte Teil nur mit der Luft in Berührung kommt.

Kleinere Fehler lassen sich durch Kommutieren des Ofenheizstromes feststellen und vermeiden. Aus den beiden Ablesungen wird das Mittel genommen.

Die thermoelektrische Kraft beträgt beim Element von Le Chatelier im Mittel 0,001 Volt für je 100° Temperaturänderung.

Die anfänglich gekrümmten Kurven des Elementes haben von 500° ab einen fast gradlinigen Verlauf. Sehr angenähert kann für das Platin—Platinrhodiumelement folgende Tabelle gelten, in der die elektromotorische Kraft E in Millivolts angegeben ist:

t =	300°	500°	700°	900°	1000°	1300°	1500°
E =	2,26	4,15	6,17	8,33	9,46	13,06	15,64

Die daraus folgende Kurve zeigt Fig. 24.

Die Temperatur kann aus E gefunden werden, denn es besteht für das Platin—Platinrhodiumelement die Beziehung

$$\log E = 0{,}302 + 1{,}2196 \cdot \log t$$

oder

$$\log t = \frac{\log E - 0{,}302}{1{,}2196}.$$

Darin ist E in Mikrovolt anzugeben und als Differenz von E_0 bis E_t einzusetzen.

Bis 1000° gilt die Beziehung als genügend.

Bis 1400° und wahrscheinlich noch darüber hinaus gilt für das Element

$$t = 0{,}1376 \cdot E - 0{,}000004841 \cdot E^2 + 0{,}0000000001378 \cdot E^3.$$

E ist wieder in Mikrovolt einzusetzen.

Chatelier stellte für sein Element die elektromotorische Kraft E in Millivolt auf:

Von 0° bis 1300°

$$E = 4{,}3 + 0{,}0088 \,.\, t,$$

Von 1300° bis 1775°

$$E = 14{,}5 - 0{,}0062 \,.\, t.$$

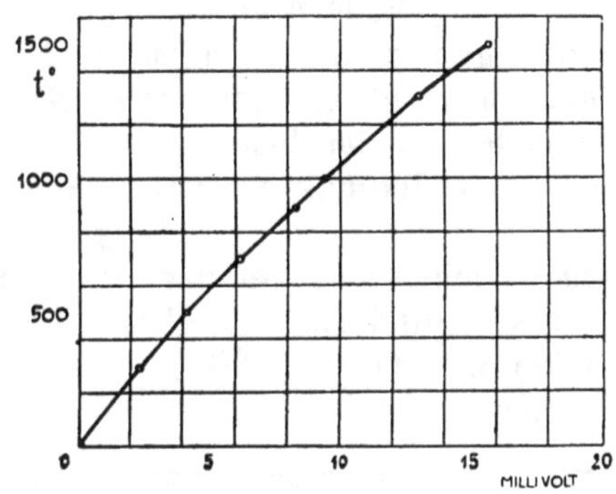

Fig. 24.

Holborn[1]) fand für das Intervall 600° bis 1700° die Formel

$$E = 30000 \log_{10}\left[1{,}25 + \left(\frac{t}{1000}\right)^2\right] - 1015.$$

Day und Sosman[2]) geben für ein Platin—Platinrhodiumelement von Heraeus in Hanau für das Intervall 400° bis 1600° folgende Formel als sehr gut an:

$$E = -169 + 7{,}57 \,.\, t + 0{,}002648 \,.\, t^2 - 0{,}0000004724 \,.\, t^3 \text{ Mikrovolt.}$$

Die vorangehenden Angaben gelten, wie bereits bemerkt, nur für Platin—Platinrhodiumelemente mit 10% Rhodiumgehalt. Sie gelten insgesamt auch nur stark angenähert, da alle Elemente um ein weniges verschieden sind.

Eichung.

Man kann das Thermoelement eichen, indem man es in ein Bad von genau bekannter Temperatur bringt und immer

1) Holborn, Ann. Phys. 22, 1; 1907.

2) L. Day and B. Sosman, American Journ. of Science 29, 93; 1910.

heißere Bäder verwendet, um dann ebenso wieder rückwärts zu verfahren.

Die gefundenen Punkte verbindet man durch eine Kurve. Geschmolzenes Silber und Kupfer erniedrigt seinen Schmelzpunkt bei Sauerstoffgegenwart um 8° bzw. 20°, was zu beachten ist. Man kann auch die Lötstelle mit Drähten von bekanntem Schmelzpunkt umwickeln. Ist die Temperatur am Schmelzpunkt angelangt, so vergeht bis zum vollständigen Schmelzen einige Zeit, während welcher die elektromotorische Kraft des Elementes konstant bleibt und eine genaue Ablesung ermöglicht. Doch muß eventuell eine Bildung von Legierungen in Betracht gezogen werden. Die Angaben vergleicht man möglichst weit mit dem Wasserstoffthermometer (s. daselbst).

Es seien hier einige Fixpunkte für thermometrische Messungen angegeben.

Die Angaben beziehen sich auf das Gasthermometer, unter 100° auf die Wasserstoffskala. D. Berthelot[1]) schlägt zur Eichung Zink (419°) und Gold (1064°) vor. Schwefel erweist sich nicht als geeignet.

Schmelzpunkte		Siedepunkte (760 mm Hg).	
Blei	+ 327	Wasserstoff	— 252,5[a]) [4])
Zink	+ 419	„	— 252,6[a]) [5])
Kupfer (in Luft)	1065[2])	Stickstoff	— 195,6[6])
Kupfer (rein)	1082[3])	Sauerstoff	— 182,7[7])
„ „	1064[2])	Kohlensäure	— 78,2[8])

Sehr genau kann man auch die elektromotorische Kraft für eine bekannte Temperatur feststellen, indem man die beiden Drähte des Thermoelementes durch ein kurzes Stück Draht von bekanntem Schmelzpunkte verbindet. Hat die Temperatur diesen Wert erreicht, so schmilzt der Draht ab, und es gilt als elektro-

[1]) D. Berthelot, C. R. 134, 983; 1902.

a) Heliumskala.

[2]) Holborn und Day, Ann. Phys. 6, 253; 1901.

[3]) Callendar, Phil. Mag. 48, 519; 1899.

[4]) Dewar, Proc. Royal Soc. 68, 40; 1901.

[5]) Travers et Jacquerod, Phil. Transact. A 200, 135; 1902.

[6]) Olszewski, Phil. Mag. 39, 200; 1895.

[7]) Holborn, Ann. Phys. 6, 253; 1901.

[8]) Chappius, Rapport prés. an Congrès int. Paris 1900.

motorische Kraft der im Augenblick des Durchschmelzens beobachtete Ausschlag. Die genau bekannte Reinheit des Schmelzmetalles ist hierfür jedoch eine Vorbedingung.

Stellt man dagegen die Fixpunkte der Kurve durch verschiedene, nacheinander eingeschmolzene Drähte fest, so ist für jeden Draht die thermoelektrische Kraft des Elementes etwas verschieden, und die Differenz ist nicht immer zu vernachlässigen.

Doch kann man bei z. B. mit Silberdraht geeichten technischen Elementen immer wieder Silberdraht einschmelzen und damit zur schnellen Prüfung der Kalibration feststellen, ob sich etwa die thermoelektrische Kraft beim Schmelzpunkt des Silbers gegen die früher festgestellte geändert hat.

Bei kleinen Temperaturdifferenzen der beiden Lötstellen gilt für die elektromotorische Kraft

$$E = f\ (t_1 - t),$$

worin t_1 die höhere, t die niedere Temperatur der beiden Lötstellen ist; f ist der Zuwachs der elektromotorischen Kraft für 1° Temperaturerhöhung.

Der Galvanometerausschlag ist

$$\alpha = \gamma\ (t_1 - t),$$

demnach

$$t_1 - t = \frac{\alpha}{\gamma},$$

oder

$$t_1 = t + \frac{\alpha}{\gamma},$$

wobei γ der Zuwachs des Ausschlages bei 1° Temperaturerhöhung ist. Um γ zu erhalten, mißt man α z. B. für 10°; dann ist

$$\gamma = \frac{\alpha}{10}.$$

Dem Gesetz

$$E = f\ (t_1 - t)$$

gehorcht u. a. nicht das Eisen—Kupferelement, dessen elektromotorische Kraft mit steigender Temperatur erst zu-, dann abnimmt, Null wird, und sich umkehrt.

Man kann E folgendermaßen bestimmen: Es ist

$$E = i\ .\ w;$$

man bestimmt den beiderseitigen Ausschlag (Mittel nehmen!)

eines Galvanometers, wenn das Thermoelement auf die Temperatur t_n erhitzt ist; er sei α_n. Dann wird ein bekannter Widerstand w_1 vor das Galvanometer geschaltet, und der Ausschlag α'_n wieder bei der Temperatur t_n der Lötstelle bestimmt.

Der Ausschlag eines Skalenteiles des Galvanometers für den Skalenabstand von 1000 mm entspreche einem Strom von i Ampere (i = Galvanometerkonstante). w_0 sei der unbekannte Widerstand des Stromkreises (ohne w_1).

Dann ist

$$E = i \cdot \alpha_n \cdot w_0$$

und

$$E = i \cdot \alpha'_n \cdot (w_0 + w_1),$$

folglich

$$E = i \cdot w_1 \cdot \frac{\alpha_n \cdot \alpha'_n}{\alpha_n - \alpha'_n}.$$

Ferner ist

$$w_0 = w_1 \cdot \frac{\alpha'_n}{\alpha_n - \alpha'_n}.$$

Es folgen nun die Formeln für die elektromotorische Kraft in Millivolt einiger gebräuchlicher Thermoelemente [1]).

Platin — Palladium	1,4 + 0,014 . t	(0° bis 1500°)
Platin — Platiniridium (10 % Ir)	8,6 + 0,0072 . t	(0° bis 1000°)
	12,2 — 0,0012 . t	(1000° bis 1775°)
Platin — Platiniridium (20 % Ir)	11,3 + 0,0104 . t	(0° bis 1000°)
	16,8 + 0,0004 . t	(1000° bis 1775°)
Platin — Schmiedeeisen	16,6 — 0,0192 . t	(0° bis 700°)
	2,5 + 0,0210 . t	(700° bis 1000°)
Konstantan-Kupfer	42,34 + 0,0582 . t	(0° bis 320°)

Pécheux [2]) zeigt, daß nach dem Ausglühen ein Platin—Platiniridium (10%) Thermoelement recht konstante Werte gibt.

Es ist

$$\log t = \frac{\log E - 0{,}772}{1{,}102},$$

worin t die Temperaturdifferenz der heißen und kalten Lötstelle ist; die Genauigkeitsgrenze ist bis 600° 3°, bis 1040° 6°.

---

1) Le Chatelier, C. R. 102, 819; 1886.
2) Pécheux, Éclair. électr. 1, 299; 1908.

Kompensationsschaltung von Lindeck.

Reicht die Genauigkeit der Messung infolge des veränderten Elementwiderstandes nicht aus, und ist die Empfindlichkeit nicht groß genug, so bedient man sich mit Vorteil der Kompensationsschaltung von Lindeck [1]).

A (Fig. 25) ist ein Akkumulator, W ein Regulierwiderstand, M ein Präzisionsamperemeter von 1 Ω Widerstand; der Akkumulatorenstrom durchfließt ferner einen festen Abzweigwiderstand von 0,1 Ω, und als Zweigstrom das Galvanometer G und das Thermoelement T.

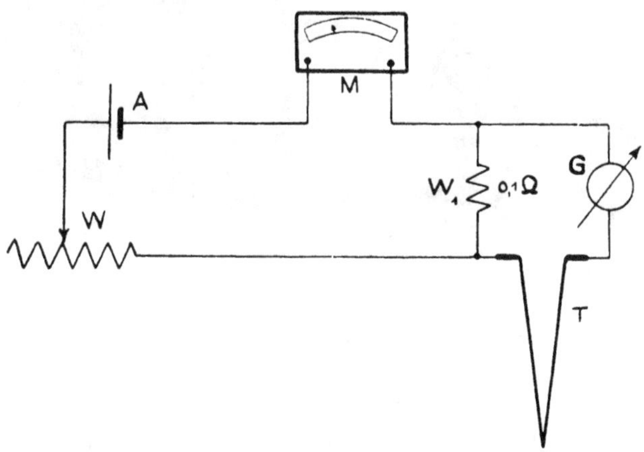

Fig. 25.

Um die elektromotorische Kraft E von T zu messen, reguliert man W, bis im Galvanometer G kein Ausschlag mehr erfolgt.

Dann ist

$$E = 0{,}1 \,.\, i.$$

i ist die bei M abgelesene Stromstärke in Ampere.

Durch verschiedene Größe von W_1 läßt sich der Meßbereich verschieben, so daß allgemein gilt

$$E = W_1 \,.\, i.$$

Die Teilstrichkorrektionen des Präzisionsamperemeters müssen in Betracht gezogen werden. Ferner läßt sich die Empfind-

---

[1]) Lindeck, Ztschr. f. Instr. Okt. 1900.

lichkeit durch Kommutieren des Akkumulatorenstromes bei der Galvanometerablesung verdoppeln; das Galvanometer hat passend etwa 25 Ohm. Fig. 26 zeigt eine Gesamtanordnung der Apparate (Siemens & Halske).

Für die Praxis ist die Methode mit dem einfachen Torsionsgalvanometer Deprez-d'Arsonval geeigneter, besonders, wenn man die Kalibration leicht und oft wiederholen kann.

Fig. 26

Strahlungsmessungen.

Will man kleine, durch Strahlen bewirkte Temperaturdifferenzen nachweisen, so bedient man sich des mehrfachen Thermoelementes, der Thermosäule.

Ursprünglich bestand diese aus Wismut—Antimonthermoelementen. Jedoch ist heutzutage für empfindliche Messungen diese Methode außer Gebrauch gekommen, da einmal die Metallmassen nicht unbedeutend sind, was eine langsame Erwärmung zur Folge hat, und da zum andern die Vorder- und Hinterflächen beim Fortfall aller Strahlen eine, und zwar durchaus unregelmäßige Temperaturdifferenz haben.

Jetzt wird allgemein die Rubens'sche lineare Thermosäule benutzt, welche das sonst für Strahlungsmessungen benutzte Bolometer an Empfindlichkeit übertrifft[1]).

Der Rubens'sche Apparat ist eine lineare Thermosäule aus zwanzig Eisen—Konstantanelementen von sehr feinen Drähten.

[1]) Rubens, Ztschr. Instr. 18, 65; 1898.

Die zwanzig Lötstellen, welche der Strahlung ausgesetzt werden, befinden sich in einem kleinen metallischen Gehäuse, auf einen Elfenbeinrahmen gewickelt, in dem eine fast konstante Temperatur vorhanden ist.

Die Länge der Säule beträgt 18 mm, der Widerstand 3,5 Ohm.

Mit einem Panzergalvanometer von der Empfindlichkeit 1,4 . 10^{-10} Ampere (Skalenabstand 1000 mm) bei 14 Sekunden Schwingungsdauer entspricht 1 mm Ausschlag einer Temperaturänderung von 1,1 . 10^{-10} Grad.

Da der Raum mit den Lötstellen an drei Seiten von spiegelnden Metallseiten begrenzt ist, hat er fast die Eigenschaften eines schwarzen Körpers. —

Eine Erhöhung der Empfindlichkeit ist durch kleine, hinter den Lötstellen befindliche Hohlspiegel versucht worden.

Erhöhung der Empfindlichkeit (Vakuumthermoelemente).

Die Empfindlichkeit der Thermoelemente läßt sich wesentlich dadurch erhöhen, daß man sie in einen stark evakuierten Raum bringt.

Lebedew[1]) gibt an, daß die Empfindlichkeit eines Thermoelementes zwischen 760 mm und 5 mm Druck unverändert ist, dagegen bei einer Evakuierung des umschließenden Gefäßes auf 0,01 mm bei geschwärzten Thermoelementen um das siebenfache, bei blanken Elementen sogar um das fünfundzwanzigfache steigt. Ein weiteres Evakuieren ist dagegen ohne besonderen Nutzen.

Johansen[2]) untersuchte theoretisch, inwiefern die Empfindlichkeit von den Drahtdimensionen und anderen äußeren Bedingungen abhängig ist. Es ergab sich, daß ein Thermoelement dann seine größte Empfindlichkeit erhält, wenn 1. der Wärmeverlust durch Drahtableitung gleich dem Wärmeverlust durch Strahlung an der Lötstelle ist, 2. die Radien der Drähte so gewählt werden, daß das Verhältnis zwischen der Wärmeableitung und dem elektrischen Widerstande in beiden gleich groß ist, 3. der Galvanometerwiderstand gleich dem Thermoelementwiderstande ist. Die letzte Bedingung ergibt sich übrigens auch aus dem Elementargesetz des stärksten Stromes bei Gleichheit des inneren und äußeren Widerstandes.

---

[1]) Lebedew, Ann. Phys. 9, 209; 1902.

[2]) Johansen, Ann. Phys. 33, 517; 1910.

Die Strahlungsempfindlichkeit ist gleich dem Produkt aus der Wurzel der Oberfläche und einer Konstante. Ist diese Konstante bei der Rubens'schen Thermosäule gleich 1, so ist sie beim Vakuum Eisen—Konstantanelement = 4,5, beim Vakuum Eisen—Wismutelement = 9,5.

Optische Temperaturmeßmethoden.

Die Messung sehr hoher Temperaturen scheint auf die Schwierigkeit zu stoßen, daß die Materialien weder der Gasthermometer noch der Metalle geeignet sind, Temperaturen über 1700° genügend zu ertragen.

Hier bieten uns nun die Strahlungsbeobachtungen einen Fingerzeig, die Temperatur gewissermaßen „kalt" zu messen, indem wir die Apparate nicht direkt in die Temperatur bringen, sondern die Strahlenwirkungen der letzteren in der Ferne ausnutzen.

Bei den bisherigen Methoden war die Temperatur ihren von uns gemessenen Wirkungen ungefähr proportional; die optischen Wirkungen der Temperatur steigern sich dagegen mit ihrer Erhöhung ganz bedeutend, doch liegt eine untere Grenze bei ca. 550°, da man erst von dort ab das Glühen eines Körpers gut bemerken kann.

Das Holborn-Kurlbaumsche Pyrometer.

Wenn die Helligkeit einer einzelnen Farbe als Funktion der Temperatur untersucht wird, so erhält man eine „isochromatische Kurve", welche eine grade Linie wird, wenn man den reziproken Wert der absoluten Temperatur als Abszisse und den Logarithmus der Intensität als Ordinate einträgt.

Es gilt dann die Gleichung im Gebiet der sichtbaren Strahlung

$$\log J = \log(c_1 \cdot \lambda^{-5}) - \left(\frac{c_2}{\lambda} \log e\right) \cdot \frac{1}{T},$$

wobei c_1 und c_2 Konstanten bezeichnen.

J ist die Intensität in einer willkürlichen Einheit. Da log J eine lineare Funktion des reziproken Wertes von T ist, wird die Eichung für bestimmte λ daher verhältnismäßig einfach.

Strahlt der untersuchte Körper als schwarzer Körper (s. Spektralbolometrische Methode), so ist die berechnete Temperatur die wirkliche; strahlt er dagegen nicht als schwarzer Körper, so ist die wahre Temperatur des Körpers höher.

Daher müssen wir bei der Anwendung des Pyrometers darauf achten, daß die Strahlung durch eine kleine Oeffnung aus einem Hohlraum tritt, also als schwarz angesehen werden kann.

Bei dem Apparat von Holborn-Kurlbaum wird eine spektrale Zerlegung nicht vorgenommen; man begnügt sich, ein rotes Glas vorzusetzen, um eine homogene Strahlung zu erhalten (694 $\mu\mu$ — 602 $\mu\mu$; Schwerpunkt bei 643 $\mu\mu$). Für Temperaturen unter 800° ist kein Vorsetzen des roten Glases nötig, da die Strahlung an sich schon genügend homogen ist und das Vorsetzen nur eine unnütze Schwächung bedeuten würde.

Das Prinzip des Holborn-Kurlbaumschen Pyrometers beruht darauf, daß sich ein glühender Körper von einem stärker glühenden dunkel abhebt, und umgekehrt. Kann man den einen Körper in seinem Glühen beliebig verändern, und ist für jeden Grad des Glühens seine Temperatur bekannt, so bestimmt sich die Temperatur des zu messenden Körpers dadurch, daß man den anderen Körper auf ihm gerade zum Verschwinden bringt (da er dann die gleiche Temperatur hat) und seine Temperatur aus den bekannten Verhältniswerten abliest.

Die Genauigkeit der Methode beruht also darauf, innerhalb welchen Temperaturintervalles man das Glühen der beiden Körper für gleich stark hält. Zu diesem Zweck wollen wir jetzt die Anordnung von Holborn und Kurlbaum näher betrachten.

Ein Fernrohr wird auf den zu untersuchenden Körper oder Raum gerichtet, so daß das Objektiv ein Bild der glühenden Fläche entwirft. Das Okular des Fernrohres ist auf den Kohlenfaden einer kleinen Viervoltlampe eingestellt, die sich im Innern des Fernrohres befindet und durch einen feinen Regulierwiderstand zum verschieden starken Glühen gebracht werden kann. Ein in den Stromkreis dieser Lampe eingeschaltetes Präzisionsamperemeter gestattet, die Stromstärken der Lampe genau zu bestimmen.

Die Abhängigkeit der Lampentemperatur von der Stromstärke kann mit einem Normalthermoelement festgestellt werden. Bei den käuflichen Pyrometern sind die Lampen bereits von der Physikalisch-Technischen Reichsanstalt geeicht. Fig. 27 stellt die Kurve einer solchen Lampe dar.

Wie ersichtlich, bedeutet eine Aenderung der Stromstärke um $^1/_{100}$ Ampere bei niederen Temperaturen 20° bis 30°, bei höheren Temperaturen ca. 10° Temperaturänderung.

Innerhalb der Veränderung der Stromstärke um 0,005 Ampere können wir jedoch nicht mehr eine Aenderung in der Gleich-

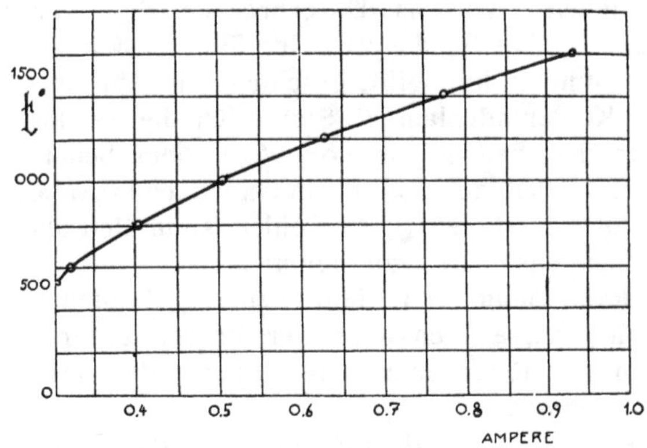

Fig. 27.

heit des Glühens feststellen. Der Fehler beträgt dann also mindestens 5°; außerdem ist die Gleichheit der Einstellung beider glühender Körper noch innerhalb etwas größerer Grenzen stark von der Uebung und der subjektiven Veranlagung abhängig. Bei 1000° müssen wir also mit einem Fehler von wenigstens $^1/_2$% rechnen.

Aus dem Vorangehenden folgt, daß das Amperemeter ein sehr gutes Präzisionsinstrument sein muß. Ein Skalenteil desselben soll $^1/_{100}$ Ampere entsprechen. Die Tausendstel Ampere müssen zu schätzen sein; bei der Messung ist darauf zu achten, daß die Kontakte gut sind, damit nicht nach der Einstellung der glühenden Körper noch eine Aenderung der Stromstärke erfolgt. Die Einstellung selbst wird bei rot und gelb glühenden Körpern leichter als bei weißglühenden sein, doch gleicht sich dieser Nachteil durch das schnelle Anwachsen der Helligkeit in höheren Temperaturen wieder aus.

Die Kohlenfäden der Lampe zerstäuben mit der Zeit, besonders bei häufiger Beanspruchung mit den stärkeren Stromstärken. Deshalb muß eine öftere Nachprüfung der Lampe stattfinden. Ziemlich einfach geschieht dies dadurch, daß man ein Thermoelement, dessen Lötstelle durch einen Silberstreifen ersetzt ist, in einen elektrisch geheizten Ofen einführt und sein Inneres mit dem Pyrometer beobachtet. Man kann den Ofen zuerst schnell auf 900° bringen; von da ab erhöht man die Temperatur allmählich und stellt sukzessiv den glühenden Kohlefaden auf Gleichheit mit dem glühenden Silberstreifen ein. In dem Augenblick, wo das Unterbrechen des Thermoelementstromkreises infolge Schmelzens des Silbers sich am eingeschalteten Millivoltmeter kundgibt, geschieht die Ablesung der Stromstärke der Kohlenfadenlampe. Stellt sich die zu dieser gehörige Temperatur des Fadens als von 961°, dem Schmelzpunkt des Silbers, verschieden heraus, so sind noch einige Male die Beobachtungen zu widerholen ($^1/_2$% Fehler ist in Betracht zu ziehen) und aus ihnen das Mittel zu nehmen.

Nun kann man von dem neuen gefundenen Punkt aus entweder die ganze Eichkurve der Lampe unter Beibehaltung des Nullpunktes höher oder tiefer legen, oder besser eine neue Eichung vornehmen.

Zu beachten ist, daß der Anstieg der Temperaturen im elektrischen Ofen in der Nähe des Schmelzpunktes sehr allmählich erfolgen soll, da sonst kein genügender Temperaturausgleich gewährleistet ist.

Die Lampen müssen vor der Eichung ca. 30 Stunden auf 1900° erhitzt gewesen sein, um eine genügende Konstanz zu gewährleisten.

Vor der eigentlichen Messung soll die Lampe auch 1 bis 2 Minuten gebrannt haben.

Metallfadenlampen an Stelle der Kohlenfadenlampen sind vorteilhafter, da sie viel weniger zerstäuben, dauerhafter sind und höhere Temperaturen vertragen; auch hängt ihr Absorptionsvermögen im Gebiete der sichtbaren Wellen nicht von der Temperatur ab.

Ist die Temperatur des zu messenden Körpers höher als die Lampe verträgt, so bringt man vor das Pyrometer eine abschwächende Prismenkombination, deren Abschwächungsfaktor bekannt ist; um die Fehler in der Genauigkeit dieses Faktors vermehrt sich auch der Fehler bei der Temperaturbestimmung. Bei diesen hohen Temperaturen beschränkt man außerdem den Vergleich auf rote Strahlen, indem man rote Gläser vor das Pyrometer bringt. Dadurch kann man den Meßbereich nach oben, allerdings mit größeren Fehlern, bis 4000° und mehr erweitern[1]). Die untere Grenze ist ca. 650°.

Die Eichung der optischen Pyrometer geschieht mit dem schwarzen Körper, d. h. einem Körper, der alle Strahlen, die auf ihn treffen, absorbiert. Haben wir keinen schwarzen Körper zur Verfügung, so genügt die Beobachtung eines gleichmäßig glühenden Hohlraumes durch eine enge Oeffnung zur Annahme schwarzer Strahlung, da die Strahlen als vielfach reflektiert und jedesmal durch die Flächenstrahlung verstärkt anzusehen sind.

Körper mit starkem Reflexionsvermögen haben schon einen beträchtlichen scheinbaren Temperaturunterschied vom schwarzen Körper bei Gelbglut (100° und mehr).

Ein halb mit Ruß überzogenes Platinblech glüht in dem obigen Hohlraum gleich hell, wogegen es an der Luft eine helle und eine dunkle Hälfte zeigt.

Bestimmt man mit einem optischen Pyrometer[2]) die schwarze Temperatur der Nernstlampe, so findet man verschiedene Temperaturen, je nachdem man blaues, grünes oder rotes Licht verwendet. Die Nernstlampe strahlt also nicht schwarz; der Unterschied gegen den schwarzen Körper wird in höheren Temperaturen immer geringer.

Um die durch Strahlung gemessene scheinbare Temperatur S eines optisch nicht schwarzen Körpers auf die wahre absolute Temperatur T zurückzuführen, ist von Holborn und Henning[3]) die Formel

$$\frac{1}{T} - \frac{1}{S} = \frac{\lambda}{c_2} \cdot \frac{\log A}{0{,}4343}$$

angegeben worden. Hierin ist

A das Absorptionsvermögen des betreffenden Körpers,
λ die Wellenlänge in μ, bei der S bestimmt wurde,

[1]) Kurlbaum und Schulze, Verhdl. d. Dtsch. Phys. Ges., p. 428; 1903.
[2]) Holborn und Kurlbaum, Ann. Phys. 10, 225; 1903.
[3]) Holborn und Henning, Berl. Ber. 311; 1905.

c_2 die Konstante des Wienschen Gesetzes (vgl. Temperaturbestimmungen mit dem Lummer-Pringsheimschen Flickerphotometer: Bestimmung einer Temperatur).

Es wurde gefunden, daß das Holborn-Henningsche Gesetz bis zum Schmelzpunkt des Wolframs gültig ist; dieser wurde danach zu 2900° bestimmt (neuere Messungen ergaben höhere Werte [3300°], die mit der später erwähnten genaueren Planckschen Fassung der Wienschen Gleichung zusammenstimmen); c_2 hat dabei nach Paschen-Wanner den Wert 14 600.

Wie bereits erwähnt, benutzt man für Temperaturen über 1500°, wo eine Zerstäubung des Kohlenfadens eintreten würde, eine abschwächende Prismenkombination. Dann erhalten wir eine scheinbare niedere Temperatur, müssen also, um die wahre Temperatur zu erhalten, das Schwächungsverhältnis des abschwächenden Mittels kennen; da dieses Schwächungsverhältnis für alle Helligkeiten das gleiche bleibt, so ist es angebracht, dasselbe an Temperaturen zu bestimmen, die der Glühfaden noch mit Leichtigkeit aushält, und zwar wird man es für mehrere, verschiedene Temperaturen ermitteln, um dann das arithmetische Mittel aus den erhaltenen Werten zu nehmen.

Das Schwächungsverhältnis φ einer vorgeschobenen Prismenkombination usw. kann folgendermaßen bestimmt werden:

Wird eine schwarze Strahlung von der Temperatur t_1 durch das schwächende Mittel scheinbar auf die Temperatur t_2 herabgedrückt, so gilt (bei der benutzten Wellenlänge λ in μ)

$$\log \operatorname{nat} \varphi = \frac{14\,500}{\lambda} \cdot \frac{t_1 - t_2}{(t_1 + 273)\,(t_2 + 273)};$$

daraus ergibt sich dann φ selbst. Bei der gewöhnlich verwendeten roten Kupferoxydulplatte ist $\mu = 0{,}643$.

Belastet man den Glühfaden bis auf 1500°, so kann man bis ca. 2800° die Temperatur mit der gebräuchlichen Prismenkombination $\varphi = 234$ bestimmen. Für höhere Temperaturen kämen dann zwei und mehr Prismen in Frage.

Der durch den Unterschied der Zimmertemperaturen bedingte Fehler der Fadentemperaturbestimmung ist verschwindend klein. Zu vermeiden ist dagegen das Eindringen fremden Lichtes in das Beobachtungsrohr, da sonst beträchtliche Fehler entstehen können.

Féry[1]) benutzt nach Art der Spiegelteleskope gebaute Apparate, wodurch Absorptionen vermieden werden, und die untere Verwendbarkeitsgrenze der optischen Pyrometer auf ca. 500° erweitert werden soll.

Spektralphotometrische Bestimmungen.

Pyrometer nach Wanner[2]). Zum Vergleichen und damit zum Messen von Helligkeiten können wir ein sogenanntes Spektralphotometer verwenden. Das Spektralphotometer zerlegt das Licht, das von zwei verschiedenen Lichtquellen kommt, in seine Spektren. Am Beobachtungsfernrohr haben wir nun aber statt des Fadenkreuzes einen Spalt (Okularspalt), der von dem in seine Ebene projizierten Spektrum nur einen bestimmten Teil durchläßt.

Die Photometer sind nun so gebaut, daß die beiden erzeugten Spektren genau in ihren entsprechenden Teilen übereinander fallen. Ihr Licht tritt durch je einen unabhängig meßbar veränderlichen Spalt ein (Doppelspalt).

Man bringt die beiden Spektrenbilder im Fernrohr auf gleiche Helligkeit, indem man die Spaltbreiten ändert. Die Weiten der Spalte sind dann ein Maß für die Helligkeiten bzw. Temperaturen der Lichtquellen. Eine der Lichtquellentemperaturen muß bekannt sein.

Wanner (s. o.) verwendet das Königsche Spektralpolarisationsphotometer. Der Okularspalt ist auf die Wellenlänge $\lambda = 656{,}3\ \mu\mu$ der roten Wasserstofflinie eingestellt, für die das verwendete Prisma gradsichtig ist.

Als Vergleichslicht wird eine 6-Voltlampe benutzt, deren Licht in den Kollimatorspalt durch ein rechtwinkliges Prisma gelangt, dessen eine Kathetenfläche zur Erzielung gleichmäßigen Lichtes mattiert ist.

Wanner bezeichnet es als wichtig, daß die Amylazetatlampe, die dazu dient, das Licht der 6-Voltlampe auf seine Konstanz hin zu untersuchen, unveränderlich fest zum gesamten Pyrometer angebracht ist.

Das eine Gesichtsfeld wird durch ein Okularnikol beobachtet; man dreht das Nikol, bis beide Flächen gleiche Helligkeit haben. Für eine bestimmte Helligkeit der Vergleichslampe

---

[1]) Ch. Féry, Journ. de Phys. 3, 701; 1904.
[2]) Wanner, Phys. Zeitschr. 3, 112; 1901.

gibt dann eine Tabelle die der Nikoldrehung entsprechenden Temperaturen an. Der Fehler bei der Einstellung von Flächen auf gleiche Helligkeit ist 1 %.

Ist für $\lambda = 656{,}3\ \mu\mu$ und 1000° die Strahlungshelligkeit gleich 1, so ist sie für 1500° gleich 134, und für 2000° sogar gleich 2134. Die entsprechenden Fehler sind ± 0,75°, ± 1,0°, ± 1,1°.

Wanner bezeichnet diese Genauigkeit als erreichbar, wenn die $^1/_{10}{}^0$ der Nikoldrehung geschätzt werden.

Da der durch Vergleich der 6-Voltlampe mit der Amylazetatlampe entstandene Fehler maximal 1 % bei guter Uebung beträgt, so ist der Fehler in der Ablesung gleich 2 %.

Wegen der geringen Lichthelligkeiten (verursacht durch Nikol und Zwillingsprisma) beträgt die untere Grenze des Apparates 900°. Die obere Grenze liegt zunächst wiederum nur in der Stärke des Vergleichslichtes (2000°). Der Apparat besitzt seine größte Empfindlichkeit für die Temperaturen von 1200° bis 1600°. Seine Länge beträgt nur 30 cm.

Durch Einschieben von Rauchgläsern oder rotierenden Sektoren von bekannter Schwächung in die Strahlen der zu messenden Lichtquelle wird die obere Temperaturgrenze des Apparates beliebig erhöht.

Die Fehlerquellen, die vor allem in der mehrfachen Helligkeitsvergleichung liegen, werden dadurch aber bedeutend vermehrt.

Hartmann[1]) fand, daß die Bestimmung der Temperatur glühender Platindrähte mit dem Wannerpyrometer viel zu niedrige Werte ergab, was auf Beugungserscheinungen zurückgeführt werden kann.

Es ist somit wahrscheinlich, daß auch die Verwendung des Kohlenbügels als Vergleichslichtquelle ohne Mattierung größere Fehler verursachen kann; damit kann dann die häufige Abweichung optisch gemessener Werte zuweilen erklärt werden.

Temperaturbestimmungen mit dem Lummer-Pringsheimschen Spektral-Flickerphotometer[2]).

Apparat. Das Flickerphotometer besteht aus einem gewöhnlichen Spektrometer, nur daß das Kollimatorrohr zwei nebeneinander stehende vertikale Spalte trägt, die symmetrisch

---

1) W. Hartmann, Phys. Rev. 19, 452; 1904.
2) E. Thürmel, Ann. Phys. 33, 1139; 1910.

zur optischen Achse liegen und von derselben Lichtquelle gleichstark beleuchtet werden. Im Beobachtungsfernrohr entstehen dann zwei sich teilweise überdeckende, gleichhelle Spektren.

Vor den Spalten ist ein um seine horizontale Achse drehbarer Eisenzylinder angeordnet, dessen Achse parallel zur Spaltebene ist, so daß der Zylindermantel an den beiden Spalten in ihrer Längsrichtung vorbeirotiert. Er ist so mit Ausschnitten versehen, daß die Okularblende in beliebig schnellem Wechsel mit Licht von zwei verschiedenen Wellenlängen ausgefüllt wird, da beide Spalte ihr Licht abwechselnd erhalten.

Durch die Anordnung des durch einen Motor in Bewegung gesetzten Zylinders muß man das einfallende Licht parallel zur Zylinderachse erst auf zwei im Innern des Hohlzylinders befindliche totalreflektierende Prismen und dann auf die Spalte fallen lassen.

Blickt man bei beliebiger Fernrohrstellung und langsamer Zylinderrotation in das Fernrohr, so sieht man den Okularspalt schnell hintereinander abwechselnd mit zwei verschiedenen Farben erfüllt.

Bei schneller Rotation ist nur noch ein Flickern im Spalt zu bemerken. Diese Erscheinung muß dann aufhören, wenn 1. beide Farben gleichhell sind, 2. der Wechsel so schnell vor sich geht, daß dem Auge keine Zeit zur Aufnahme des Eindruckes bleibt, so daß nur eine gewisse Mischfarbe entsteht.

Die erste Bedingung läßt sich nun dadurch zur Vergleichung von Helligkeiten und damit zur Temperaturmessung benutzen, daß man die Breite des einen Spaltes so lange ändert, bis das Flickern aufhört. Dann sind die beiden beobachteten Farben gleichhell. Im vorigen Abschnitt haben wir gesehen, daß man dann aus dem Verhältnis der Spaltbreiten auf das Temperaturverhältnis der erzeugenden Lichtquellen schließen kann. Nur war dort die Empfindung der gleichen Helligkeit schwerer sicher zu beurteilen. Es wird bekannt sein, daß bei längerer Beobachtung durch das Auge und Annäherung an Flächengleichheit das Auge leicht geneigt ist, diese Gleichheit früher zu behaupten, als sie in Wirklichkeit vorhanden ist. Eine Erhöhung der Helligkeit der dunkleren Fläche über diejenige der anfangs helleren um ein Weniges läßt dagegen beim nun folgenden Wiederzurückgehen eine höhere Grenze der Gleichheit annehmen. Der wahre Wert wird dabei dem zuletzt gefundenen etwas näher liegen als dem ersteren.

Dieser Fall kommt bei der praktischen Vergleichung sehr häufig vor.

Der Vergleich wird uns nun durch die Methode des Flickerns erleichtert.

Verschwindet im erwähnten Falle das Flickern, so verhalten sich die Farbenhelligkeiten bei gleichen Spaltbreiten derselben umgekehrt wie die Kollimatorspaltbreiten, bei denen die Erscheinung aufhört.

Durch Drehen des Beobachtungsfernrohres kann man bei einem bestimmten Spaltabstande jede Farbe des einen Spektrums mit einer ganz bestimmten des anderen Spektrums vergleichen. Um den Bereich der zu vergleichenden Spektralbezirke zu erweitern, ist dafür gesorgt, daß der Abstand der Spalte, dessen kleinster Wert 2 mm beträgt, bis 12 mm vergrößert werden kann. Außerdem kann man Prismen verschiedener Dispersion benutzen.

Prisma und Beobachtungsfernrohr können so umgelegt werden, daß die von den Spalten ausgehenden Strahlen ihre Rollen gerade vertauschen.

Dadurch kann man das Photometer so justieren, daß beide Spalte gleichhell beleuchtet werden. Macht man nämlich beide Spalte gleich breit, so kann man durch Drehen des Fernrohres bei normaler und umgelegter Prismen- und Fernrohranordnung die beiden Wellenlängen aufsuchen, für welche das Flickern verschwindet. Das Photometer ist richtig eingestellt, wenn sich beidemale die gleichen Wellenlängenpaare als gleichhell ergeben.

Die zu einer bestimmten Fernrohrstellung gehörige Wellenlänge entnimmt man wieder (wie im vorigen Abschnitt) einer aufgestellten Dispersionskurve.

Die Einstellung des Fernrohres auf einen bestimmten Wellenlängenbezirk wird durch eine Schraube mit Trommel bewirkt und kann auf einer Skala abgelesen werden.

Mit der Trommel sind die hundertstel Skalenteile zu messen. Bei den Spalten entspricht bei den gebräuchlichen Formen einer Umdrehung (100 Skalenteile) eine Spaltbreite von 0,25 mm.

E i c h u n g. Um das Instrument zu eichen, macht man beide Kollimatorspalte möglichst schmal und beleuchtet sie mit homogenem Licht bekannter Wellenlänge.

Der eine Spalt ist zunächst durch einen Sektor des Zylindermantels verdeckt; man bringt nun die zum anderen Spalt gehörige Spektrallinie in die Mitte des Okularspaltes, indem man das Fernrohr dreht. Die der Mittelstellung der Spektrallinie entsprechende Fernrohrstellung wird als Abszisse in einem orthogonalen Koordinatensystem aufgetragen, in dem die Wellenlänge die Ordinate bildet. Das gleiche Verfahren findet dann bei dem andern Spalte statt.

Führt man dieses nun für mehrere andere Wellenlängen gleichfalls aus, so erhält man zwei Dispersionskurven, deren gegenseitige Verschiebung um so größer ist, je weiter die Kollimatorspalte voneinander entfernt sind.

Es genügt, wenn man das Photometer für die engste Spaltentfernung (2 mm) eicht.

Ohne Fadenkreuz beträgt der mögliche Fehler (durch Schätzung der Spaltmitte) im roten Spektrum ca. 0,5 μμ, im violetten Teil 0,1—0,2 μμ entsprechend der größeren Dispersion.

Bestimmung einer Temperatur. Für zwei Wellenlängen gleicher Temperatur kann man aus der Wienschen Gleichung

$$S\lambda = c_1 \cdot \lambda^{-5} \cdot e^{-\frac{c_2}{\lambda T}}$$

das Verhältnis der Strahlungsintensitäten bilden als

$$\frac{S_1}{S_2} = \left(\frac{\lambda_2}{\lambda_1}\right) \cdot e^{\frac{c_2}{T}\left(\frac{1}{\lambda_2} - \frac{1}{\lambda_1}\right)},$$

woraus sich durch Logarithmieren ergibt

$$\log \frac{S_1}{S_2} = 5 \log \frac{\lambda_2}{\lambda_1} + \left[\frac{c_2 \log e}{T}\left(\frac{1}{\lambda_2} - \frac{1}{\lambda_1}\right)\right].$$

Kennen wir demnach den Quotienten $\frac{S_1}{S_2}$, so können wir T berechnen.

In dem vorliegenden Falle ergaben die mit dem Flickerphotometer ausgeführten Messungen folgende Werte:

Vergleichs-wellenlängen	Temperatur optisch	Temperatur thermoelektrisch	Abweichung in °C.	Abweichung in %
660/480	1502°	1477°	+ 25	1,7
660/500	1489°		+ 12	0,8
Mittel	1496°	1477°	+ 19	1,3
660/480	1742°	1698°	+ 44	2,6
660/500	1703°		+ 5	0,3
Mittel	1723°	1698°	+ 25	1,5

Die auf photometrischem Wege ermittelte Temperatur war demnach um 1,3 bzw. 1,5 Proz. zu hoch.

Bei einem Kollimatorspaltabstand von 6 mm ergab sich die entsprechende bestimmte Temperatur zu 1466° und 1691°, d. h. um 0,8 bzw. 0,5 Proz. zu niedrig.

Bei dem gleichen Spaltabstand, aber geringerer Helligkeit, ergab sich die mit dem Thermoelement bestimmte Temperatur zu 1709°, die optisch gemessene dagegen zu 1678°, d. h. um 31° oder 1,9 Proz. zu niedrig.

Die Helligkeitsempfindlichkeit des Auges soll sich dabei von einem Tage zum anderen nicht merklich ändern, so daß das Instrument zur praktischen Verwendung bei Hochöfenmessungen geeignet ist. Der Fehler in der Praxis dürfte bei den genügenden Helligkeiten 1 Proz. kaum überschreiten.

Es sei noch darauf hingewiesen, daß bei noch erhöhter Rotationsgeschwindigkeit wieder ein Flimmern bemerkbar wird, so daß eine bestimmte Rotationsgeschwindigkeit für eine passende Beleuchtung angegeben werden müßte.

Die Untersuchungen von Lummer und Pringsheim haben nun ergeben, daß c_2 im Wienschen Gesetz keine Konstante darstellt, sondern daß es z. B. für die Wellenlänge 12,3 μ bis 17,9 μ die Werte 24 800 bis 31 700 annimmt. Für 8 μ hatten Paschen und Wanner, wie bereits erwähnt, den Wert

$$c_2 = 14\,600$$

gefunden.

Planck gelangte dann zu einer modifizierten Gleichung, die in der Tat alle bisherigen Beobachtungen umfaßt. Hierin wird die Energieverteilung der schwarzen Strahlung ausgedrückt in der Form

$$S_\lambda = \frac{c^2 . h}{\lambda^5} \cdot \frac{1}{e^{c\, h/k \lambda T} - 1};$$

hierin ist

$$h = \sigma . b^4 \cdot \frac{\beta^4}{48 \pi \alpha c}$$

und

$$k = \sigma . b^3 \cdot \frac{\beta^4}{48 \pi \alpha},$$

wobei die Konstanten σ und b experimentell gegeben sind durch

$$\sigma = \int_0^\infty S_\lambda \, d\lambda / T^4$$

und

$$b = \lambda_m \, . \, T = 2940.$$

Da

$$\alpha = 1{,}0823$$

und

$$\beta = 4{,}9651$$

ist, so ergeben sich für h, k und c die Werte:

$$h = 6{,}55 \, . \, 10^{-27} \text{ erg. sec.}$$

$$k = 1{,}346 \, . \, 10^{-16} \, \frac{\text{erg.}}{\text{grad}}$$

$$c = 3 \, . \, 10^{10} \text{ cm/sec (Lichtgeschwindigkeit).}$$

Messung mit dem Interferenzrefraktor [1]).

Die bekannten Erscheinungen der Zusammensetzung zweier Wellenzüge in der Akustik lassen sich auch auf die optischen Wellen übertragen.

Unterscheiden sich zwei sonst gleiche Wellenzüge nur im Gangunterschied um $\lambda/2$ d. h. um eine halbe Wellenlänge, so vernichten sie sich gegenseitig, und die Wirkung auf das Auge ist gleich 0.

Beträgt der Gangunterschied ein Vielfaches von λ, so muß eine verstärkte Wirkung eintreten.

Kommen nun zwei Wellenzüge von verschiedener Wellenlänge zusammen, so muß, wie eine einfache Figur lehrt, an einigen Stellen Verdunklung, an anderen Stellen Verstärkung des Gesichtsfeldes stattfinden.

Auf einer Beobachtungsvorrichtung, z. B. einer Mattscheibe, muß dann ein System heller und dunkler Streifen, sogenannter Interferenzstreifen, erscheinen.

Schicken wir zwei gleiche Wellenzüge aus, so können wir die Wellenlänge des einen dadurch verändern, daß wir ihn durch ein Medium gehen lassen, das sich auf einer, gegen das Medium des anderen Wellenzuges verschiedenen Temperatur befindet. Die Bewegungsgleichung eines Wellenzuges lautet:

$$c = u \, . \, \lambda.$$

1) Mach, Ztschr. f. Instr. 12, 89; 1892.

In einem Gase höherer Temperatur ist die Fortpflanzungsgeschwindigkeit größer, als in demselben Gase niederer Temperatur; daher muß, da die Schwingungszahl u die gleiche bleibt, auch λ einen kleineren Wert gegen die Wellenlänge in dem Gase niederer Temperatur erhalten.

Können wir nun die beiden Wellenzüge wieder zur Interferenz bringen und beobachten, so müssen Interferenzerscheinungen auftreten. Da die Fortpflanzungsgeschwindigkeit aber auch vom Druck abhängt, so müssen die Interferenzerscheinungen bei genügend niedrigem Luftdruck des kühlen Gases wieder verschwinden, weil mit zunehmender Verdünnung auch c wächst; ist uns nun die Beziehung der Fortpflanzungsgeschwindigkeit zum Luftdruck und zur Temperatur bekannt, so können wir, falls wir eine der Gastemperaturen kennen, die andere berechnen. —

Der Strahlengang dieser Methode ist aus der nachstehenden Fig. 28 ersichtlich.

A′ und A″ sind zwei gleiche planparallele Glasplatten. B′ und B″ sind zwei Silberspiegel, die den Zweck haben, dem Strahlengang zwischen A′ und A″ einen längeren Weg vorzuschreiben. Alle anderen Strahlen als die gezeichneten sind sorgfältig abzublenden.

A′ und A″ sind gegen die Horizontale der Zeichnung um 45° bis 50° geneigt. Bei einer geringen gegenseitigen Verdrehung der Platten tritt bei A″ ein System von Interferenzstreifen auf.

Man bringt nun bei a und b in den Strahlengang zwei parallele, gleichlange Röhren, die das gleiche Gas enthalten. Die eine Röhre wird auf die zu messende Temperatur erhitzt und auf Atmosphärendruck gehalten; die zweite Röhre bleibt auf Zimmertemperatur, doch wird ihr Gasdruck so weit verringert, daß keine Interferenz mehr sichtbar ist; der Druck wird mit einem Manometer gemessen. Die Temperaturen verhalten sich dann wie die gemessenen Drucke.

Die Messung kann auch folgendermaßen geschehen:

n_0 sei das Berechnungsvermögen des verwendeten Gases bei 0° im Vakuum.

Kommen auf eine bestimmte Strecke im Vakuum bei 0° S Wellenlängen, so vermehrt sich bei der absoluten Temperatur T° ihre Anzahl um

$$s = \frac{S(n_0 - 1) . 273}{T}.$$

Wird bei Zimmertemperatur beobachtet, so kann die geringe Korrektion für Luft

$$n_t = n_o - 0{,}000000905 \,.\, t + 0{,}00000000235 \,.\, t^2$$

vernachlässigt werden.

Dann ist

$$T = \frac{S\,(n_o - 1)\,.\,273}{s}.$$

Die Eichung muß hierbei empirisch mit bekannten Temperaturen stattfinden. Die Fehlerquellen liegen in der Manometer-

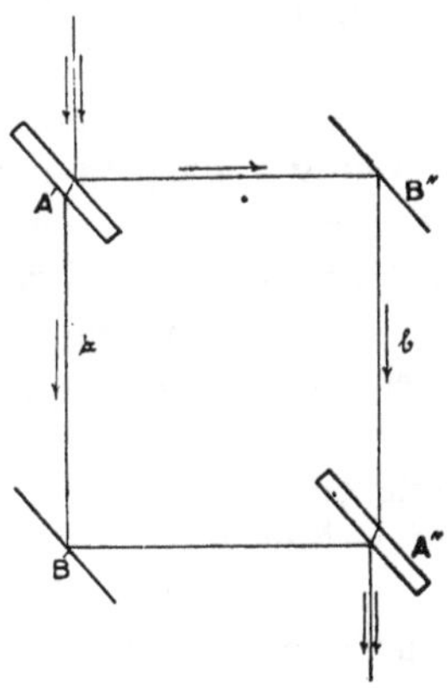

Fig. 28.

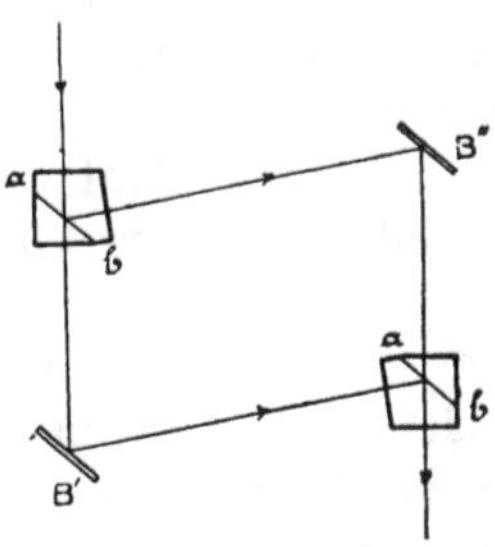

Fig. 29.

ablesung bei der ersten Methode, und bei beiden in der geringen Möglichkeit, das Meßrohr auf gleichmäßige Temperatur zu bringen. Zur Durchsicht benutzt man am besten die Mittelachse des Rohres.

Bei empirischer Eichung liegen die Meßgrenzen bei der Verwendbarkeit der Röhren.

Da bei der beschriebenen Anordnung die an der Austrittsfläche der Glasplatten reflektierten Strahlen störende Spiegelbilder liefern, die, wie erwähnt, sehr sorgfältig abgeblendet werden müssen und somit das Gesichtsfeld verkleinern, hat L. Mach dem Uebelstande auf folgende Weise abgeholfen:

Er ersetzt die planparallelen Glasplatten durch etwa nur 0,001 mm dicke planparallele Luftplatten a b (s. Fig. 29), die von den Glaskörpern eingeschlossen sind.

B′ und B″ sind wieder zwei Silberspiegel oder zwei rückseitig geschwärzte Glasplatten.

Durch diese Verbesserung erreicht man nicht nur eine Erweiterung des Gesichtsfeldes und somit eine bequemere Benutzung der Anordnung, sondern beide Bilder sind fast gleich hell, da das Licht nahe unter dem Winkel der totalen Reflexion auf die Luftplatte auffällt.

Verwendung der Herschelschen Streifen[1]).

In der zuletzt beschriebenen Machschen Verbesserung des Interferenzfraktors gelangte bereits eine dünne Luftschicht in einem Glaskörper zur optischen Verwendung, allerdings nur zur Reflexion von Lichtstrahlen.

Diese dünne Luftplatte stellt uns jedoch ein dünnes Blättchen in einem optisch dichteren Medium dar, an dem, wie Herschel[2]) zuerst beobachtete, selbst wieder Interferenzerscheinungen auftreten — die sogenannten Herschelschen Streifen —, wenn es von den Lichtstrahlen unter einem ein wenig kleineren Einfallswinkel als dem Grenzwinkel der Totalreflexion getroffen wird.

Herschel legte ein totalreflektierendes Prisma mit der Grundfläche auf eine ebene Glas- oder Metallplatte und beobachtete durch eine Seitenfläche die durch die andere Fläche einfallenden und an der Grundfläche zurückgeworfenen Strahlen. Auf der hohlen Seite des blauen Bogens, der die Grenze der totalen Reflexion begleitet, zeigt sich dann parallel zu ihm verlaufend eine Anzahl gefärbter Streifen, deren gegenseitige Entfernung und Anzahl von der Dicke des Luftblättchens abhängig ist. Wird die Dicke geringer, so werden sie breiter.

Im durchgehenden Lichte sind die Erscheinungen entsprechend. Um die Interferenzstreifen im durchfallenden und im reflektierten Licht beobachten zu können, bedient man sich nach dem Vorgange von Talbot[3]) zweier rechtwinkliger Prismen, die man mit den Hypothenusenflächen aufeinanderlegt.

Man sieht so zwei komplementäre Streifensysteme. Haben beide Bündel jedoch gleiche Helligkeit, so verschwinden die Streifen und man sieht eine gleichmäßig erleuchtete Fläche.

[1]) Vergl. O. Lummer, Verhdl. dtsch. Phys. Ges. 131; 1901 und D. Berthelot, Ann. chim. phys. 26, 58; 1902.

[2]) Herschel, Phil. Trans. London. 274; 1809.

[3]) Talbot, Phil. Mag. (3) 9, 401; 1836.

Bringen wir also in den Strahlengang vor den Würfel je eine Mattscheibe (s. Fig. 30, S_1 und S_2), so müssen die Streifen verschwinden, wenn beide Scheiben gleich stark belichtet werden.

Haben die Lichtquellen verschiedene Stärke, so muß man durch zweckmäßige Wahl der Abstände von den Lichtquellen eine gleiche Beleuchtungsstärke auf den Mattscheiben erreichen können, worauf sich dann, falls die Temperatur der einen Lichtquelle, z. B. einer geeichten Kohlenfadenlampe, bekannt ist, das Verhältnis der Lichtquellenabstände, die Temperatur der anderen Lichtquelle, ermitteln läßt. Man benutzt (nach Fig. 30) ein aus

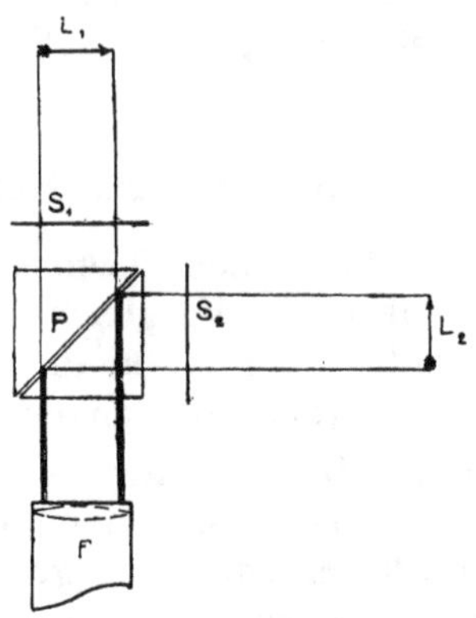

Fig. 30.

zwei rechtwinkligen Prismen zusammengesetztes Prisma P. L_1 ist die zu bestimmende Lichtquelle, S_1 eine Mattscheibe vor dem Würfel; ebenso ist L_2 eine Lichtquelle von bekannter Temperatur und S_2 die zugehörige Mattscheibe. Die Entfernungen $L_1 S_1$ und $L_2 S_2$ müssen meßbar sein.

In der Praxis macht man $L_1 S_1$ konstant und $L_2 S_2$ variabel. In dem Prisma P treten nun an den Berührungsflächen der Einzelprismen Herschelsche Streifen auf, die mit einem auf unendlich eingestellten Fernrohr beobachtet werden.

Zur Temperaturmessung verschiebt man L_2, bis die Herschelschen Streifen im Fernrohr F verschwinden. Dann verhalten sich $L_1 S_1$ und $L_2 S_2$ wie die entsprechenden Helligkeiten der Lichtquellen bzw. deren Temperaturen.

Die Grenze der Verwendbarkeit ist wiederum von der Vergleichslichtquelle gegeben. Da man ungefähr die gleichen

Temperaturen vergleichen wird, kann man mit dem Apparat genügend dicht an L_1 herangehen, um L_1 und L_2 für eine bestimmte Wellenlänge durch ein in den Strahlengang vorgeschobenes Medium zu bestimmen.

Die Helligkeit wird jedoch nicht sehr bedeutend sein. Der Verwendungsbereich liegt besonders in den strahlungsreicheren höheren Temperaturen; die Fehlerquellen sind die Bestimmung der Vergleichslampentemperatur, die Messung des Abstandes der Lichtquellen von den Mattscheiben, und die Genauigkeit des Einstellens auf Verschwinden der Streifen. Die Grenzen für das Verschwinden der Streifen bei Aenderung von $L_2 S_2$ sind u. a. von dem Prisma P und den verwendeten Entfernungen abhängig, so daß die prozentuale Genauigkeit sehr verschieden ausfallen kann.

Spektral-Bolometrische Methode.

Prinzip. In sehr hohen Temperaturen sind wir zur Messung derselben auf einen Vergleich der Helligkeiten einer Lichtquelle von bekannter Temperatur und der Lichtquelle, deren Temperatur gemessen werden soll, angewiesen.

Abgesehen von der immer schwierigeren und damit fehlerhafteren Vergleichung stark strahlender Gegenstände, wird auch das Auge stark in Mitleidenschaft gezogen, was bei einem praktisch verwendbaren Instrument nicht der Fall sein darf.

Daher war die Temperaturmessung mit dem Spektralphotometer bereits ein großer Fortschritt, da dabei nur eine Wellenlänge, bzw. ein begrenztes Stück des Spektrums verglichen wurde.

Trotzdem waren alle Instrumente noch mit größeren Nachteilen behaftet, die in den häufigen Absorptionskorrektionen und der begrenzten Helligkeit der Vergleichslampe lagen.

Nun bietet sich jedoch in dem von einem strahlenden Körper entworfenen Spektrum eine Beziehung zur Temperatur dar, die geeigneter zur Temperaturmessung als der subjektive Vergleich von Helligkeiten scheint.

Gleitet man nämlich an einem von einem Steinsalzprisma auf einem Schirm entworfenen Spektrum mit einer empfindlichen Thermosäule entlang, so zeigt das mit dem letzteren verbundene Galvanometer einen verschieden großen Ausschlag in den verschiedenen Partien des sichtbaren und unsichtbaren Spektrums.

Die begrenzenden Wellenlängen des sichtbaren Spektrums sind 400 und 800 $\mu\mu$, wobei die längeren Wellenlängen den roten Teil desselben darstellen.

Nun erfolgt der größte Ausschlag des Galvanometers weit hinter dem sichtbaren roten Spektrum, und zwar bei ca. 2000 $\mu\mu$ im Strahlungsspektrum des schwarzen Körpers, bei ca. 1500 $\mu\mu$ im Spektrum des strahlenden blanken Platins bei gleichen Temperaturen.

Man hat nun gefunden, daß das Produkt aus der Lage des Energiemaximums und der Temperatur gleich einer Konstanten ist. Kennt man nun diese Konstante für den schwarzen Körper und das blanke Platin, so kann man aus der gefundenen Lage des Energiemaximums sofort die Temperatur eines strahlenden Körpers bestimmen, wenn man weiß, ob er als schwarzer Körper oder als blankes Platin strahlt; evtl. ist bei Ungewißheit über die Art der Strahlung die Temperatur in die durch die beiden Konstanten bedingten Grenzen einzuschließen.

Die Lage des Energiemaximums wird nun bei den Messungen nicht auf die rohe Art der Thermosäule bestimmt, sondern man baut ein empfindliches Bolometer so in ein Spektrometer ein, daß es immer nur von den Strahlen einer Wellenlänge bestrahlt wird; ist die Stelle des größten Energiemaximums bestimmt, so gibt die zugehörige Einstellung des Fernrohres sofort die betreffende Wellenlänge.

Wir können zur Temperaturmessung die im Wienschen Verschiebungsgesetz enthaltene Gleichung

$$\lambda_{max} \, . \, T = \text{Const.}$$

benutzen. Hierin bedeutet T die absolute Temperatur, λ_{max} die Wellenlänge der Strahlung in $^1/_{1000}$ mm (μ), bei der das Energiemaximum liegt. Die Konstante ist für die Strahlung eines schwarzen Körpers zu 2940 gefunden worden.

Da nun die Körper, deren Temperatur wir zu messen haben, meist nicht als vollkommen schwarz angesehen werden können, muß man die Temperatur auch berechnen, wenn die Konstante den Wert 2630 hat, was für die Strahlung des blanken Platins gilt. Wir können die zu bestimmende Temperatur demnach in die Grenzen

$$T = \frac{2940}{\lambda_{max}}$$

und

$$T = \frac{2630}{\lambda_{max}}$$

einschließen. Die erste Gleichung gilt übrigens auch für sogenannte graue Körper, da die Lage des Energiemaximums dieselbe bleiben muß, wenn man die Energie aller Wellen gleichmäßig schwächt. Als graue Körper bezeichnet man diejenigen, deren Absorptionsvermögen für alle Temperaturen und Wellenlängen konstant ist.

Die Gültigkeit der obigen Gesetze ist bis absol. 2300° nachgewiesen[1]).

Zur Bestimmung der absoluten Temperatur ist demnach die möglichst genaue Feststellung der Lage des Energiemaximums erforderlich; diese Bestimmung ist aber sehr schwierig, so daß diese Methode eine gewisse Unsicherheit besitzt, die durch die Begrenzung der möglichen Temperatur nach zwei Seiten bei den Körpern, welche nicht als vollkommen schwarz oder wie blankes Platin strahlend bezeichnet werden können, noch vermehrt wird.

Spektralbolometer. Zur Feststellung der Lage des Energiemaximums bedient man sich des Spektralbolometers. Das Maximum rückt erst bei ca. 3900° in das Gebiet des sichtbaren Spektrums; Glasprismen sind für Wellenlängen, die außerhalb dieses Gebietes liegen, nur sehr wenig durchlässig. Deshalb müssen Prismen aus Steinsalz, Flußspat oder Sylvin verwendet werden. Sind auch die Fernrohrlinsen aus diesem Material, so erhalten wir demnach ein Spektrum, das beiderseits weit mehr Wellenlängen aufnimmt, als das gewöhnliche sichtbare Spektrum.

An der Stelle des Fadenkreuzes oder der Skala bringen wir nun zwei sich entsprechende Zweige einer Bolometeranordnung an (siehe Fig. 31). Das Bolometer ist in seinem Rohr unveränderlich befestigt und empfängt möglichst nur Strahlen einer einzigen Wellenlänge; das Rohr selber kann in seiner Stellung zur Prismenfläche abgelesen werden.

Die Figur 31 stellt das Linearbolometer dar, wie es in der Okularfassung verwendet wird. Seine Schaltung in der Brückenanordnung ist in Fig. 32 angegeben.

W ist ein Widerstand, R ein Rheochord zum vollständigen Ausgleich der Zweige, B die Batterie, G ein Galvanometer, dessen größter Ausschlag das Energiemaximum anzeigt; die neuesten Bolometer haben einen Widerstand von ca. 50 Ω. Ihre Angaben bleiben sehr gut konstant, so daß eine Bestimmung bis auf einen Fehler von 0,001% ausgeführt werden kann.

---

[1]) Lummer und Pringsheim, Verhdl. dtsch. Phys. Ges. 3; 1903.

Radiometer. Zur Strahlungsmessung im infraroten Teile des Spektrums werden auch Radiometer angewendet, deren Flügel an einem feinen Quarzfaden aufgehängt sind. Es wird der Torsionsausschlag gemessen.

Das bekannte Crookes'sche Radiometer läßt sich zu einem empfindlichen Wärmestrahlenmeßapparat umformen.

F. Nichols [1]) gab nach dem Vorgange von E. Pringsheim [2]) dem Radiometer die nachstehend beschriebene Form.

Fig. 31.

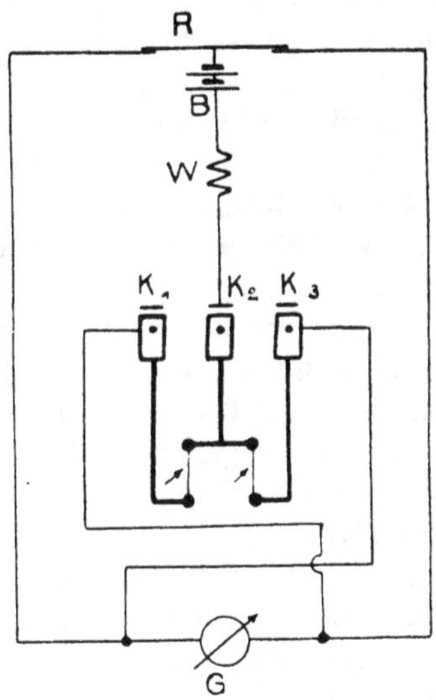

Fig. 32.

Das drehbare System besteht aus zwei Glimmerstreifen, die durch Glasfäden miteinander verbunden sind und an einem Glasfaden einen Spiegel tragen (7 mg). Das Ganze ist in einem Rotgußgehäuse eingeschlossen, das evakuiert werden kann. In dem Rotgußgehäuse befindet sich zur Beobachtung des Spiegels ein Glasfenster und zur Bestrahlung der Glimmerstreifen ein Flußspatfenster. Die maximale Empfindlichkeit ist bei einem Innendruck von 0,5 mm Hg vorhanden.

Die Ausschläge sind der zugeführten Strahlungsenergie proportional und die Empfindlichkeit ist eine außerordentlich hohe.

[1]) F. Nichols, Ann. Phys. 60, 400; 1897.
[2]) E. Pringsheim, Ann. Phys. 18, 32; 1883.

Nur daß die Strahlen durch ein absorbierendes und reflektierendes Fenster gehen, ist für verschiedene Verwendungszwecke ungeeignet; ein Vorteil gegenüber der Thermosäule und dem Bolometer ist die Unabhängigkeit von Luftströmungen.

Ein weiteres Radiometer ist das Radiomikrometer von V. Boys[1]), das zur Messung der Mondstrahlen verwendet wurde.

Ein möglichst leichtes, in sich geschlossenes Thermoelement wird durch unifilare oder bilifare Aufhängung in ein möglichst starkes Magnetfeld gebracht. Wird durch Strahlung die eine Lötstelle erwärmt, so bewirkt der entstehende Thermostrom eine Ablenkung des ganzen Systems, die durch Spiegel und Skala gemessen wird. Die Empfindlichkeitssteigerung dieses Radiometers hat darin ihre Grenze, daß die verwendeten Metalle nicht magnetisch indifferent gemacht werden können.

Der Vorteil gegenüber dem Bolometer ist der ganz feste Nullpunkt; der Nachteil ist die Bedingung der durchaus festen Aufstellung, ferner die im Verhältnis zum Bolometerdraht zu erwärmende große Masse.

Bei dem Radiomikrometer von Paschen, dem es gelang, dasselbe gegen Boys Instrument dreifach in der Empfindlichkeit zu erhöhen, dauert die Herstellung des Gleichgewichtszustandes etwa 30″.

Durch Verkürzung der Spektrallinien mittels einer Zylinderlinse kann man die in den Linien vorhandene Energie auf einen winzig kleinen Raum konzentrieren, während man beim Bolometer an eine gewisse Drahtlänge gebunden ist.

Hat man die Lage des Energiemaximums gefunden, so stellt man das Beobachtungsfernrohr fest und liest den Winkel b ab (Fig. 33).

Ebenso wird der Winkel a, der Einfallswinkel, abgelesen.

Ist der Brechungswinkel γ des Prismas bekannt, so kann man aus diesen Daten n, den Brechungsexponenten des Prismas, für die in Frage kommende Wellenlänge berechnen. Es ist nämlich

$$(1) \qquad n = \frac{\sin {}^1/_2 (\gamma + D)}{\sin \gamma/_2},$$

worin D das Minimum der Ablenkung des Prismas bedeutet. Es ist aber

[1]) V. Boys, Proc. R. Soc. 42, 189; 1887.

$$(2) \qquad \gamma + D = a + b$$
$$D = a + b - \gamma.$$

Den Wert für D in (1) eingesetzt, ergibt

$$(3) \qquad n = \frac{\sin {}^1/_2 (a + b)}{\sin \gamma/_2}.$$

Hat man zuvor mit Hilfe von Licht bekannter Wellenlänge (Natrium, D-Linie gleich 0,5893 μ, Lithium 0,6708 μ, Strontium

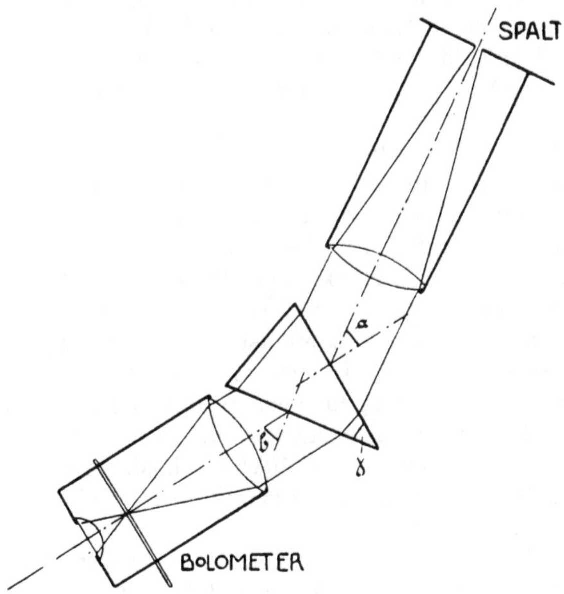

Fig. 33.

0,4608 μ) das Minimum der Ablenkung für jede dieser Wellenlängen bestimmt, so kann man aus der Gleichung (1) den Brechungsexponenten für jede der verwendeten Wellenlängen berechnen.

Trägt man sich die erhaltenen Werte in einem Koordinatensystem auf, so erhält man die Dispersionskurve, aus der, evtl. durch Extrapolation, für jeden erhaltenen Brechungsexponenten die zugehörige Wellenlänge sofort zu finden ist.

Dann berechnet sich T in der oben angegebenen Weise aus

$$T = \frac{2940}{\lambda_{max}}$$

und

$$T = \frac{2630}{\lambda_{max}}$$

in absoluten Graden.

F e h l e r q u e l l e n. Die Fehlerquellen der Methode liegen hauptsächlich in dem Einschluß der Temperatur zwischen zwei Grenzen, wenn diese bei den meist zur Messung kommenden höheren Temperaturen auch nur eine Differenz von wenigen Graden haben. Eine weitere Fehlerquelle liegt in der Schwierigkeit der Maximumsbestimmung und der Extrapolation beim Aufsuchen der Wellenlänge für das Strahlungsmaximum. Die Bestimmung von D, n, γ und die Gradablesung geben neue Fehlerquellen.

M e ß b e r e i c h. Die Methode ist verwendbar, so lange eine Strahlung mit dem Bolometer festgestellt werden kann. Doch wird eine größere Zuverlässigkeit erst in den höheren Temperaturen erreicht. Die obere Grenze ist unbeschränkt, da nur die Lage des Energiemaximums festzustellen ist, und somit Entfernungen oder Helligkeiten keine Rolle spielen; in höheren Temperaturen wird die Maximumsbestimmung sogar genauer; doch fragt es sich, ob die Körper in sehr hohen Temperaturen den angegebenen Beziehungen noch genügend genau folgen, was in neuerer Zeit bezweifelt worden ist und z. B. zu einer Berechnung der Sonnentemperatur auf 10 000° absol. geführt hat, während sie nach der spektralbolometrischen Methode zu 6000° absol. bestimmt worden war.

Jedenfalls ist es übereilt, dem spekulativen Vorgehen in einem durchaus unbekannten Gebiet mehr als einen orientierenden Wert beizumessen.

Verfahren von Féry.

F é r y hat ein optisches Verfahren zur Bestimmung der T e m p e r a t u r e n g l ü h e n d e r G a s e angegeben, das auf folgendem Prinzipe beruht.

Das Licht eines annähernd schwarzen Körpers, z. B. einer geeichten Glühlampe bekannter Temperatur, geht durch diejenige glühende Gasmenge (z. B. die Flamme eines Bunsenbrenners) hindurch, deren Temperatur zu messen ist, und wird im Spektralapparat zerlegt.

Je nachdem nun die Temperatur des Kohlenfadens höher oder tiefer ist als die des Gases, wird irgendeine der von den

Metalldämpfen im glühenden Gase gelieferten Spektrallinien dunkel oder hell erscheinen, bei Temperaturgleichheit also verschwinden.

Für höhere Temperaturen als die Kohlenfadenlampe vertragen kann, verwendet Féry einen Lichtbogen als Lichtquelle [1]), doch dürfte diese Methode wegen der vielen Fehlerquellen für den praktischen Gebrauch nicht geeignet sein.

Verfahren von Kurlbaum.

Kurlbaum [2]) verwendet eine der vorigen ähnliche Methode. Wegen des äußerst geringen Reflexionsvermögens der Flammen darf angenommen werden, daß die in den Flammen leuchtenden Kohlenstoffteilchen in genügend dicker Schicht schwarz sind.

Bringt man nun vor einen bei bekannter Temperatur mit einer gewissen Helligkeit leuchtenden schwarzen Körper eine Flamme, so bleibt die scheinbare Helligkeit des Körpers nur dann unverändert, wenn er die gleiche Temperatur wie die Flamme besitzt. Man hat also nur die Temperatur des geeichten schwarzen Körpers (einer Glühlampe) solange zu variieren, bis seine Helligkeit beim Vorschieben einer Flamme unverändert bleibt.

Diese Methode darf nur angewendet werden, wenn sicher ist, daß die leuchtenden Kohlenstoffteilchen der Flamme nicht von Gasen umgeben werden, die in dem benutzten Spektralgebiete eine unkontrollierbare Absorption ausüben.

Eine bolometrische Anwendung auf die Gesamtstrahlung der Flamme ist deshalb unzulässig.

Methode von Hempel.

Hempel [3]) leitet eine Methode der Temperaturmessung her aus der zunehmenden Sichtbarkeit des Spektrums nach dem violetten Ende zu bei steigender Temperatur des strahlenden Körpers.

Die Differenz mit den Angaben eines Thermoelementes soll 50^{0} betragen. Da diese Methode nicht weniger umständlich als die anderen optischen Methoden ist, dabei aber noch nicht entfernt deren Genauigkeit, schon infolge der verschiedenen sub-

---

1) C. Féry, Journ. de Phys. 6, 979; 1907.
2) Kurlbaum, Phys. Ztschr. 3, 187; 1902.
3) Hempel, Ztschr. angew. Chemie 14, 75; 1901.

jektiven Veranlagung, erreicht, dürfte sie allem Anscheine nach kaum zu einer praktischen Anwendung gelangen.

Die neuesten Bestrebungen laufen darauf hinaus, die für Hochöfen u. dgl. wichtige Registrierung des Temperaturverlaufes mit optischen Thermometern bis 4000° zu ermöglichen, so daß hoffentlich in absehbarer Zeit die Erreichung dieses Zieles zu erwarten ist. Die Schwierigkeiten liegen in den Eigentümlichkeiten des Selens begründet, daß es seinen Widerstand nicht nur von der auftreffenden Helligkeit, sondern auch von der zugeführten Strahlungsenergie abhängig macht, so daß für ein einmal installiertes und geeichtes optisches Selenregistrierpyrometer keine Aenderung der äußeren Bedingungen mehr eintreten dürfte.

Hinzu kommt die Abhängigkeit des Selenwiderstandes von der Temperatur und sonstigen atmosphärischen Einflüssen; auch gibt es sogenanntes hartes und weiches Selen, das seine Empfindlichkeitsmaxima für Licht an verschiedenen Stellen hat.

Dennoch ist eine baldige Lösung der Frage zu erhoffen, so daß die Instrumente gleich von der Fabrik geeicht geliefert werden können.

Sonstige Temperaturmeßmethoden.

Kalorimetrische Methode.

Die kalorimetrische Methode ist noch verwendbar, wenn das Luftthermometer und die gewöhnlichen Thermometer schon nicht mehr anwendbar sind, doch wird sie wegen ihrer Umständlichkeit wohl kaum noch angewendet.

Ein Körper (Platinkugel) vom Gewichte q, der sich auf der zu messenden Temperatur T befindet, wird schnell in ein Kalorimeter gebracht, dessen Wasserwert w (mit Füllung) gemessen ist. Erhöht sich die Temperatur der Kalorimeterflüssigkeit von t auf t', so gilt

$$q \, . \, c \, (T - t') = w \, (t' - t)$$

oder

$$T = \frac{w \, (t' - t)}{q \, . \, c} + t'.$$

t' ist die korrigierte Endtemperatur, c die mittlere spezifische Wärme der Heizkugel.

Die Fehlerquelle dieser Methode liegt in der großen Wärmeabgabe des Kalorimeters, ehe die Temperatur t' sicher bestimmt werden kann. Je schneller der eingeführte Körper seine Temperatur abgibt, um so kleiner wird der Fehler sein.

Das Thermometer zeigt dann eine kurze Zeit lang eine konstante Temperatur t' an, ehe es wieder sinkt. Dieser Wert genügt dann. Meist gibt der Körper jedoch seine Wärme nur langsam ab. Deshalb macht man den Wasserwert des Kalorimeters groß, damit der Temperaturanstieg t' — t, und dadurch die abgeleitete Wärmemenge nicht so groß wird. Wird der Temperaturanstieg auf $^1/_{10}{}^0$ genau abgelesen, so ist die Genauigkeit höchstens $^1/_{40}$, d. h. 0,025, des Resultates ($t' - t = 4^0$). Der Wasserwert des eintauchenden Thermometers soll klein, konstant und genau bekannt sein. Deshalb soll der Thermometerhals ganz dünn und mit einer Marke m versehen sein, bis zu welcher das Thermometer für den betreffenden Wasserwert eintauchen muß (Fig. 34).

Die Wärmemenge, die einen Körper um einen Grad erwärmt, d. h. die ihm thermisch äquivalente Wassermenge, heißt sein Wasserwert.

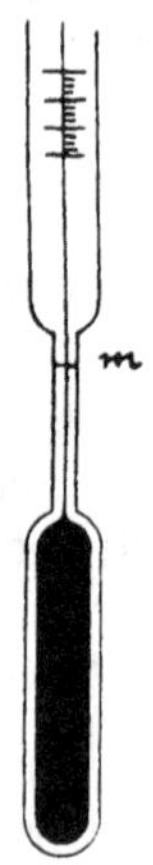

Fig. 34.

Für das Thermometer bestimmt man den Wasserwert, indem man es z. B. auf τ^0 erwärmt (τ sei gleich 30^0) und es dann in eine kleine Wassermenge vom Gewicht p (p = 2 g) taucht. Die Temperatur derselben steige dadurch von t^0 auf t'^0 (von 18^0 auf 19^0).

Dann ist der Wasserwert w des Thermometers

$$w = \frac{p\,(t' - t)}{\tau - t'};$$

in unserem Falle ist

$$w = 0{,}18(1).$$

Es wird meist genügen, wenn man das Volumen des eintauchenden Teiles durch Eintauchen in ein kalibriertes Rohr bestimmt und mit 0,46 multipliziert. Wegen der Wärmeabgabe des Kalorimeters verwendet man bequem den Rumfordschen

Kunstgriff. Ist φ die Umgebungstemperatur, und $t' - t$ ungefähr bekannt, so macht man die Anfangstemperatur

$$t = \varphi - \frac{t' - t}{2},$$

so daß dann die Endtemperatur

$$t' = \varphi + \frac{t' - t}{2}$$

wird. Es ist jedoch zu bedenken, daß die Temperatur des Kalorimeters erst schnell, dann langsam steigt. Man nimmt deshalb t doppelt so tief unter φ, als t' nachher über φ kommt.

Diese Angaben mögen hier genügen, da die angegebenen Korrektionen für die Genauigkeit der Methode ausreichen.

Wegen der Bestimmung des Wasserwertes muß auf physikalische Lehrbücher verwiesen werden.

Die Kalorimeter (Weinhold) bestehen aus einem mehrfach durch Lufthohlräume isolierten dünnen Messinggefäß. Die Thermometer sind eingekittet. Ein dünner Rührer gestattet schnelleres Ausgleichen der Wärmeschichten des Wassers.

Um ein Spritzen beim Einbringen der glühenden Kugel zu verhindern, geht eine Führungsröhre bis nahe zum Boden des Gefäßes.

c ist für Platin zwischen 0° und 100° gleich 0,0329, bis 250° gleich 0,0352 zu setzen; für Temperaturen zwischen 500° und 1000° ist es wieder geringer, nämlich gleich 0,0334.

Für Eisen ist c = 0,105.

Akustische Methode.

Immer, wenn Erscheinungsvorgänge von der Temperatur abhängig sind, läßt sich, falls diese Abhängigkeit bekannt ist, die Temperatur mehr oder weniger genau bestimmen. Unter den eigentlichen Temperaturmeßmethoden können wir daher nur diejenigen verstehen, die uns entweder eine große Genauigkeit bieten, oder in häufig vorkommenden Fällen allein oder doch fast allein anwendbar sind.

Die akustische Methode bietet immerhin noch eine genügende Genauigkeit, wenngleich die Fehlerquellen infolge der primitiven Apparate — Messung der Wellenlänge an Formen mit sehr unbestimmten Knotenpunkten, oder subjektives Abhören eines Tonmaximums[1]) — beträchtlich sind.

[1]) Kalähne, Ann. Phys. 11, 225; 1903.

Als Meßgas wird trockene Luft in den Kundtschen Röhren verwendet.

Der Schallgeschwindigkeit v, die von der Temperatur abhängig ist, entspricht

$$t = 0{,}002792 \cdot v^2 - 273.$$

Sind bei der Temperatur t und t' die Wellenlängen des gleichen Tones λ und λ', so ist

$$\frac{273 + t}{273 + t'} = \frac{v^2}{v'^2} = \frac{\lambda^2}{\lambda'^2}.$$

v ist gleich $331 \cdot \sqrt{1 + 0{,}004 \cdot t}$ m/sec.

Hierbei ist 0,004 statt 0,00367 als Korrektion für die mittlere Luftfeuchtigkeit gesetzt.

Kalähne (s. o.) verwendete ein Porzellanrohr, dessen Schwingungsraum er durch einen Stempel, der frei gleiten konnte,

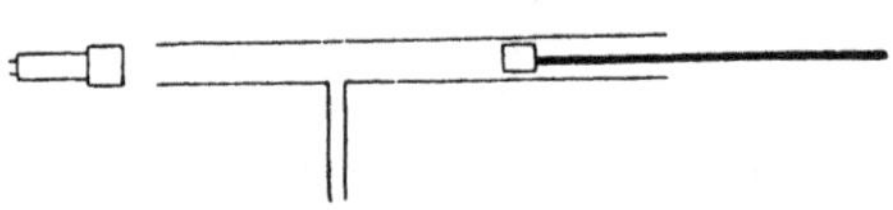

Fig. 35.

abschloß (Fig. 35). Der konstante Ton wurde von einem durch einen Saitenunterbrecher erregten Telephon geliefert. Innerhalb des Kundtschen Rohres war ein Rohransatz zum Abhören der Tonmaxima bei den verschiedenen Stellungen des Stempels angebracht. Stand der Stempel an einem Maximum, so war in dem Rohransatz ein Ton hörbar. Die Maxima sind dabei um $\lambda/_2$ voneinander entfernt.

Die Messungen gingen bis 900°; im allgemeinen wird die Luft bei diesen Temperaturen so dünn, daß sie die Töne nur wenig leitet. Außerdem wird das Porzellanrohr weich, so daß die Anwendung für tiefere Temperaturen günstiger wird.

Dampfdichtenmethode.

Wir können die Temperatur eines Raumes dadurch messen, daß wir das Gewicht bestimmen, das ein Gas in einem bekannten Volumen bei der betreffenden Temperatur besaß.

Nehmen wir z. B. Luft.

1 ccm trockener Luft wiegt bei 0° und 760 mm Quecksilberdruck 0,001293 g. Wird das Volumen V in Litern, die Tempe-

ratur in Grad Celsius, der Druck h in mm Quecksilber gemessen, so ist das Gewicht der Luft

$$G = \frac{1{,}293 \,.\, V \,.\, h}{(1 + \alpha t) \,.\, 760} = \frac{1{,}293 \,.\, V \,.\, h}{0{,}003668 \,.\, 760 \,.\, T};$$

T ist die absolut gemessene Temperatur.

Es ist somit

$$G = 0{,}4639 \,.\, \frac{V \,.\, h}{T},$$

oder

$$T = 0{,}4639 \,.\, \frac{V \,.\, h}{g}.$$

Die Fehlerquellen liegen in der Wägebestimmung und in der Volumänderung des Gefäßes.

Letztere läßt sich durch Inrechnungstellen von γ, dem kubischen Ausdehnungskoeffizienten des Gefäßmaterials, verringern.

Als Gefäß kann man für höhere Temperaturen eigentlich nur Glas verwenden, da das Gefäß luftdicht zugeschmolzen werden muß. Dadurch ist die Anwendungsgrenze der Methode gegeben. Für geringere Temperaturen genügt ein sicher schließender Hahn.

Beim Abschmelzen muß das Meßgefäß eine Ansatzkapillare haben, auf welcher der Punkt markiert ist, bis zu dem das bestimmte Volumen V des Gefäßes richtig ist. Ist diese Marke genügend weit von dem Gefäß entfernt und ist das Rohr hinreichend kapillar, so kann die beim Zuschmelzen der Kapillare entstandene Temperaturerhöhung vernachlässigt werden, insofern das Abschmelzen schnell genug vor sich geht.

Die Grenzen der Methode sind nach oben das Weichwerden der Gefäßwand, nach unten das Flüssigwerden des Meßgases.

Werden andere Gase und Dämpfe als Luft benutzt, so ist die Gleichung für T mit der Zahl zu multiplizieren, die angibt, wieviel ein Liter dieses Gases mehr wiegt als ein Liter Luft unter gleichen Verhältnissen (normale Dampfdichte). Man verwendet u. a. Quecksilber- und Joddämpfe.

Bestimmung tiefer Temperaturen mit Schwimmern.

Flüssige Luft ändert je nach dem Sauerstoffgehalt die Temperaturen zwischen $-182{,}40^0$ bis $-195{,}70^0$. Die Dichte ändert sich dabei von 1,131 bis 0,791. Man kann nun Schwimmer aus Kieselglas[1]) in dem flüssigen Gase zum Schweben bringen, nachdem man vorher mit bekannten Alkohol—Wassermischungen, in denen die Schwimmer auch gerade schwebten, ihr spezifisches Gewicht bestimmt hat.

Bei reinem Sauerstoff ist die Aenderung des spezifischen Gewichtes mit der Temperatur fast Null. Auch braucht man einen ganzen Satz Schwimmer und kann das genaue Schweben schwer erreichen. Mit der Bestimmung der Temperatur muß gewartet werden, bis einer der Schwimmer wirklich schwebt, wobei doch häufig die Messung kurz vorher oder nachher erwünscht ist.

Immerhin bieten diese Schwimmer, wenn sie erst einmal nach einem anderen Thermometer geeicht sind, bei genügender Schwimmeranzahl eine bequeme und ziemlich genaue Methode.

In Fabriken, wo viel Temperaturbestimmungen auszuführen sind, ohne daß eine große Genauigkeit verlangt wird, sind sie, ähnlich den nun zu besprechenden Segerkegeln, auch für ungeübte Arbeiter einfach zu gebrauchen.

Methoden der Probekörper.

In technischen Betrieben verwendet man, um festzustellen, ob ein Ofen usw. eine bestimmte Temperatur erreicht hat, sogenannte Schmelzkegel.

Diese Kegel sind meist Silikatmischungen und enthalten Quarz, Feldspat, Kreide, Kaolin u. a. Durch die Verschiedenheit der Mischungsverhältnisse erreicht man ein Weichwerden und Zerfließen dieser Kegel bei verschiedenen Temperaturen. Sie werden zwischen 1100° und 1700° verwendet, besonders dann, wenn die verlangte Ofentemperatur sich in ziemlich weiten Grenzen bewegen darf (die Segerskala geht von 590° bis 2030° in 60 Stufen).

Will man z. B. bestimmen, ob ein Ofen 1500° heiß ist, so schiebt man einen Satz Kegel ein, dessen Schmelzpunkt zwischen 1450° und 1550° liegt.

Das Zusammensinken der einzelnen Kegel, deren Schmelzpunkte bekannt sind, wird beobachtet.

Weich werden die Kegel schon bei niederen Temperaturen. Steigt die Temperatur des Ofens schnell an, so kann ein Kegel noch stehen, während die Temperatur bereits weit über seinem Schmelzpunkt ist. Die entfernte Beobachtung der Kegel, die

---

[1]) Behn und Kiebitz, Ann. Phys. 12, 421; 1903.

sich in einem glühenden Raume selber glühend befinden, führt leicht zum Verwechseln der Kegel und zum Verkennen ihres Aggregatzustandes. Würden die Kegel genau die Ofentemperatur annehmen (den Ofen als schwarz strahlend betrachtet), so würden sie nicht mehr von dem Inneren desselben zu unterscheiden sein; da aber die Wände immer eine niedere Temperatur behalten, bieten sie den Kegeln einen Hintergrund.

Die Temperaturen in einem Probeofen wurden von Dr. Simonis[1]) für verschiedene Segerkegel mit dem Le Chatelier-Element bestimmt. Es ergaben sich dabei die Schmelzpunkte der einzelnen Nummern wie folgt:

Segerkegel	Grad
19	1530
20	1548
21	1548
22	1550
23	1555
24	1560
25	1566

Da nun eine so genaue Temperaturbestimmung mit den Kegeln unmöglich und praktisch wertlos ist, werden die Nummern 21 bis 25 nicht mehr hergestellt. Die nächste Nummer der Segerskala nach 20 ist somit 26.

Bei der Verwendung der Segerskala ist zu berücksichtigen, daß die Kegel, wie bereits erwähnt wurde, praktisch keinen eigentlichen absoluten Schmelzpunkt besitzen, d. h. ein Segerkegel kann durch geringe Hitze nach längerer Zeit geschmolzen werden, ohne daß die Ofentemperatur dem angegebenen Schmelzpunkte nahe kommt.

Man kann dabei im allgemeinen vier Stadien des Schmelzzustandes unterscheiden:

1. Die Spitze des Kegels krümmt sich.
2. Der gesamte Kegel zeigt eine starke Krümmung.
3. Die Kegelspitze berührt den Aufsatzboden.
4. Der Segerkegel bildet einen platten Kuchen.

Die zwischen dem ersten und letzten Stadium liegende Temperaturdifferenz wird im Mittel 50° bis 100° betragen und ist je nach der Nummer verschieden, in hohen Temperaturen meist kleiner.

---

[1]) Simonis, Tonindustrie Ztg. p. 146; 1907.

Das Stadium der Schmelzung, auf welches die Temperaturangaben bezogen werden, ist das der Bildung eines flachen Kuchens. Nimmt man für den Betriebsofen einen Temperaturanstieg von 5° in der Minute und weniger an, so werden die Schmelztemperaturen der Kegel den gleichen Mittelwert ergeben; daher ist dieser Grad des Temperaturanstieges üblich geworden.

Die Grundbedingungen für eine annähernde Sicherheit der Temperaturangaben der Segerkegel lassen sich im wesentlichen in folgenden Sätzen zusammenfassen:

a) Es werden unreine oder in ihrer Zusammensetzung wechselnde Substanzen zur Herstellung der Kegel vermieden;

b) man trägt Sorge, daß falsche Mischungsverhältnisse gänzlich ausgeschlossen sind,

und daß ferner

c) eine genügende Mischung der Bestandteile gewährleistet ist;

d) innerhalb gewisser, einflußloser Grenzen muß die zur Verwendung gelangende Korngröße die gleichen Werte haben;

e) man muß sich darauf verlassen können, daß die Kegel auch ihre ihnen zukommende Nummer der Skala tragen (gleichzeitige Herstellung immer nur einer Kegelnummer).

Trotz aller Vorsichtsmaßregeln wird die Methode immer darunter leiden, daß man nicht in der Lage ist, jeden einzelnen der Kegel zu prüfen, und dadurch gezwungen ist, für eine einzige sichere Messung immer eine Mehrzahl von Kegeln verschiedenen Herstellungsdatums in den Ofen einzuführen.

Es gehört jedenfalls zu den Merkwürdigkeiten der Technik, daß eine Methode, die wissenschaftlich unmöglich und praktisch unzuverlässig ist, von der Technik dennoch als völlig genügend akzeptiert wurde.

Der Grund dürfte darin liegen, daß eine Methode um so mehr Wahrscheinlichkeit hat, praktisch eingeführt zu werden, als sich ihre Materialien in der für sie bestimmten Industrie bereits vorfinden, oder als die Industrie wenigstens mit diesen Materialien vertraut ist. Ein großer Vorteil ist es allerdings, daß auch der ungelernte Arbeiter sofort die Segerkegel benutzen kann.

An die Schmelzkegelmethode schließen sich zahlreiche, dem Prinzip nach ähnliche Methoden an, von denen einige hier kurz hervorgehoben werden sollen.

So nimmt W e d g e w o o d Tonzylinder von bestimmter Größe und gleicher Beschaffenheit, die er der zu messenden Temperatur aussetzt. Diese Tonzylinder erfahren in hohen Temperaturen ein Schwinden ihres Durchmessers, welches zur Temperaturbestimmung dienen kann.

Gleichfalls ist hier das T h e r m o p h o n von J. W i b o r g h zu nennen, das auf dem Prinzip der Wärmeleitung beruht. Kleine Tonzylinder von 2,8 cm Höhe und 2 cm Durchmesser enthalten im Innern eine bei einer ganz bestimmten Temperatur dumpf explodierende Masse. Die Zeit vom Einbringen bis zum Explodieren der Zylinder dient dem Beobachter zur Schätzung der ungefähren Temperatur, da die Masse um so schneller zur Explosion gebracht werden muß, je höher die sie umgebende Temperatur ist.

Zum Schluß wäre noch ein (auch als Feuermelder benutzbares) Prinzip zu nennen, das in hohen, bekannten Temperaturen schmelzende Salze verwendet. Im Beginn des Schmelzens stellt das Salz eine leitende elektrolytische Verbindung in einem Batteriestromkreis her. Der Vorteil dieses Verfahrens ist die Ermöglichung einer Fernmeldung, der Gebrauch als Warner beim Uebersteigen zulässiger Temperaturgrenzen, und die wiederholte Verwendung des einmal installierten Salzes.

Anhang.

Verzeichnis

der

wichtigsten Literatur der letzten Jahrzehnte über Temperaturmeßmethoden.

A. Crova, Sur le bolomètre.
Ann. chim. et phys. (6) 29 (137–144); 1893.

—, Sur la mesure spectrométrique des hautes températures.
C.-R. 87, 979; 1878.

—, Mesure spectrométrique des hautes températures.
J. de phys. 9, 196; 1879.
C.-R. 90, 252; 1880.
Ann. chim. et phys. (5) 19, 472; 1880.

Mc. Crae, Bestimmung hoher Temperaturen mit einem Platin—Platinrhodiumelement.
Ann. d. Phys. (4) 55, 95.

Holborn & Wien, Messung von hohen Temperaturen.
Ann. d. Phys. (4) 56, 360.

— u. Day, Bestimmung hoher Temperaturen mit dem Luftthermometer und Vergleiche mit dem Platin—Platinrhodiumthermoelement.
Ann. d. Phys. (4) 68, 817.

— & Wien, Messung tiefer Temperaturen.
Ann. d. Phys. (4) 59, 213.

Olszewski, Bestimmung sehr tiefer Temperaturen mit dem Platinthermometer.
Ann. d. Phys. (4) 56, 134.

Toepler, Bestimmung von Temperaturen durch Messung barometrischer Druckdifferenz mit der Drucklibelle.
Ann. d. Phys. (4) 56, 609.

Loomis, Untersuchung der Eispunktschwankungen.
Ann. d. Phys. (4) 57, 514.
Ann. d. Phys. (4) 60, 542.

Kohlrausch, Thermometer mit Petrolätherfüllung für tiefe Temperaturen.
Ann. d. Phys. (4) 60, 463.

Olszewski, Helium im Gasthermometer für tiefe Temperaturen.
Ann. d. Phys. (4) 59, 191.

Bredig, Ueber die Chemie der extremen Temperaturen.
Phys.-Z., Leipzig, 2 (418, 433); 1901.

Dewar, The Nadir of Temperature and Allied Problems.
Amer. I. Sci., New Haven, Conn. (4) 12, 168; 1901.

Krause, Die ältere Geschichte des Thermometers.
Prometheus, Berlin, 12, 417; 1901.

Hecker, Ueber eine bequeme Methode der künstl. Alterung von Thermometern.
Z. f. Instr. 21, 1901; Beibl.: Mechaniker-Ztg. 41.

Marchis, Die dauernden Aenderungen des Glases und die Verschiebung des Nullpunktes bei Thermometern.
Ztschr. f. phys. Chemie 37, 553; 1901.

—, Ueber Präzisionsthermometrie.
Ztsch. f. phys. Chemie 37, 605; 1901.

Mewes, Grundformel für das Kohlrausch'sche Petroläther- und für das Quecksilber-Thermometer.
Mechaniker 9, 73; 1901.

Wiebe, Ueber die Korrektionen für die Skalenausdehnung bei Einschlußthermometern.
Z. f. Instr. 21, 350; 1901.

Kammerlingh Onnes, On the measurement of very low temperatures.
Proc. Sci. K. Akad. Wet, Amsterdam, 3, 299; 1901.
Comm. Phys. Lab., Leiden, 60, 1; 1901.

Kapp, Studien über das Luftthermometer.
Ann. d. Phys. (4) 5, 905; 1901.

Chappius et Harker, Comparaison du thermomètre à résistance de platine avec le thermomètre à gaz et dét. du point d'ébullition du soufre.
Z. phys, Paris, (3) 10, 20; 1901.

Pfeiffer, Zur Handhabung des Le Chatelierschen Pyrometers.
Ztschr. f. angew. Chemie 14, 390; 1901.

Hempel, Ueber Messung hoher Temperaturen mittels des Spektralapparates.
Ztschr. angew. Chemie 14, 237; 1901.

Holborn u. Kurlbaum, Ueber ein optisches Pyrometer.
Sitz.-Ber. d. Ak. Wiss. 712; 1901.

Lummer, Ein neues Interferenz-Photo- und Pyrometer.
Verhdl. Dtsch. Phys. Ges. 3, 131; 1901.

— u. Pringsheim, Temperaturbestimmung hocherhitzter Körper (Glühlampe usw.) auf bolometrischem und photometrischem Wege.
Verhdl. Dtsch. Phys. Ges. 3, 36; 1901.

Hecker, Untersuchung der Konstanz von Siedethermometern aus Glas 59^{III}.
Ztschr. f. Instr. 21, 133; 1901.

Holborn, Untersuchung über Platinwiderstände u. Petrolätherthermometer.
Ann. d. Phys. (4) 6, 242; 1901.

Schloesser, Thermometrische Untersuchungen.
Ztsch. f. Instr. 21, 281; 1901.

Holborn & Grüneisen, Ueber die Ausdehnung von Porzellan und Glas in hohen Temperaturen.
Ann. d. Phys. (4) 6, 136; 1901.

Le Chatelier et Boudouard, High-temperature measurements.
New York, London, 1901.

Mc Clellan, Thermometer glass at high temperatures.
J. Frank Inst., Philadelphia, 152, 63; 1901.

Obolenskij, Quelques expériences démonstratives sur les phénomènes de la chaleur.
Vest. opytn. fiziki, Odessa, 26, 136, 264; 1901.

Pellat, Méthode permettant d'évaluer en valeur absolue les très basses températures.
C.-R. Acad. sci., Paris, 133, 921; 1901.

Thimmensch, Les pyromètres et leurs appl. dans l'industrie.
Union ing., Louvain, 3, 101; 1901.

Baudin, Sur un thermomètre à éther de pétrole.
C.-R. Acad. sci., Paris, 133, 1207; 1901.

Gasnier, Thermomètres électriques de profondeur.
Géographie, Paris, 4, 168; 1901.

Crivellini, Ricerca della temperatura d'equilibrio d'un conduttore sottomesso all'azione d'una corrente elettrica.
Elettricità, Milano, 20, 389; 1901.

Lummer & Pringsheim, Temperaturbestimmung mit Hilfe der Strahlungsgesetze.
Phys. Ztschr. 3, 97; 1901.

Wanner, Ueber die Messung hoher Temperaturen.
Chem.-Ztg. 25, 1029; 1901.

—, Ueber einen Apparat zur photometrischen Messung hoher Temperaturen.
Phys. Z. 3, 112; 1901.

Hausrath, Ueber eine Differenzialmethode zur Bestimmung kleiner Gefrierprunktsdepressionen.
Diss. Gött. 1901.

Wiebe, Ueber Erzeugung und Messung tiefer Temperaturen.
D. Mech.-Ztg. 229; 1902.

Grützmacher, Ueber Thermometer mit Papierskalen.
D. Mech.-Ztg. 84; 1902.

Guillaume, Sur l'erreur capillaire dans les thermomètres à mercure.
Bul. séan. soc. franç. phys., Paris, 13, 1901—1902.

Kühn, Praktische Winke zur Beurteilung von Thermometern ohne amtlichen Prüfungsschein für wissenschaftliche und technische Zwecke.
Chem.-Ztg. 26, 106; 1902.

Rothe, Ueber ein Flüssigkeitsthermometer für sehr tiefe Temperaturen.
Z. f. Instr. 22, 192; 1902.

Chappius, Notes ou gas-thermometry.
II. Phil. Mag., London, (6) 3, 243; 1902.

Kapp, Einleitung zur Diss.: Studien über das Luftthermometer.
Diss. Königsberg 1901.

D. Berthelot, Sur la graduation des couples thermo-électriques.
C.-R. Acad. sci., Paris, 134, 983; 1902.
Electricien, Paris, (2) 23, 332; 1902.

Lebedew, Vakuumthermoelemente als Strahlungsmesser.
Ann. d. Phys. (4) 9, 209; 1902.

Meilink, On the measurement of very low temperatures. IV. Comparison of the platinum-thermometer with the hydrogen-thermometer.
Proc. Sci. K. Acad. Wet., Amsterdam, 4, 495; 1902.

Meslin, Sur une forme de thermomètre électrique.
C.-R. Acad. sci. 134, 412; 1902.

D. Berthelot, Sur une méthode optique nouvelle pour la mesure des températures en valeur absolue.
Ann. chim. phys. (7) 26, 58; 1902.

Féry, La mesure des températures élevées et la loi de Stéfan.
C.-R. Acad. sci. 134, 977; 1902.

Hase, Ueber die Messung hoher Temperaturen mit dem Pyrometer von Wanner.
Z. f. angew. Chemie 15, 715; 1902.

Holborn & Kurlbaum, Ueber ein optisches Pyrometer.
Ann. d. Phys. (4) 10, 225; 1903.

Job, Nouvelle méthode pour la mesure et l'inscription des températures élévées.
C.-R. Acad. sci. 134, 39; 1902.

Kurlbaum, Ueber eine einfache Methode, die Temperatur leuchtender Flammen zu bestimmen.
Phys.-Z. 3, 187; 1902.

Lummer, Ein Photometer zur Messung der Helligkeit benachbarter Teile einer Fläche (Interferenz-Pyrometer).
Phys.-Z. 3, 219; 1902.

D. Berthelot, Sur une méthode optique pour la mesure des températures.
Ann. chim. phys. (7) 26, 58; 1902.

—, Sur la graduation des comples thermo-électriques.
C.-R. 134, 983; 1902.

Lummer & Pringsheim, Zur Temperaturbestimmung von Flammen.
Phys.-Z. 3, 233; 1902.

Pringsheim, Ueber Temperaturbestimmung mit Hilfe der Strahlungsgesetze.
Verhdl. Ges. Dtsch. Naturf. 73 (1901), II, 1, 1902, 31.

Wanner, Ueber ein neues Pyrometer.
Stahl u. Eisen 22, 207; 1902.

Lummer & Pringsheim, Die strahlungstheoretische Temperaturskala und ihre Verwirklichung bis 2300° absolut.
Verhdl. Dtsch. Phys. Ges. 5, 3; 1903.

Foley, A method of measuring the absolute dilatation of mercury.
Indianopolis, Ind., Proc. Acad. Sci. 99; 1900.

Kühn, Ueber den Gebrauch hochgradiger Fabrikthermometer.
Köln, Chem.-Ztg. 27, 54; 1903.

Schloesser, Ueber den Anstieg des Eispunktes der Thermometer aus Jenaerglas 16^{III}.
Dtsch. Mech.-Ztg. 2; 1903.

D. Berthelot, Sur la graduation des couples thermo-électriques.
Electrochimie 8, 99; 1902.

v. Czndnochowski, Ein Beitrag zur Frage der elektrischen Tiefenthermometer.
Ann. Hydrogr. 30, 264; 1902.

Schott, Elektrisches Tiefenthermometer.
Ann. Hydrogr. 29, 167; 1901.

Behn & Kiebitz, Eine indirekte Methode zur Bestimmung der Temperatur von Bädern flüssiger Luft (Dichtemessungen).
Ann. d. Phys. (4) 12, 421; 1903.

Kurlbaum, Die Messung hoher Temperaturen auf optischem Wege.
Naturw. Rdsch. 18, 313; 1903.

Ries, Composition and fusing points of Seger cones.
Albany Univ. N. Y., Bull. St. Mns. Nr. 35, 7, 489; 1900.

Hecker, Ueber die Konstanz von Siedethermometern aus dem Glase 59^{III}.
Met. Z., Wien, 18, 424; 1901.

Groshaus, Absoluter Nullpunkt des hundertteiligen Thermometers.
Z. phys. Chemie 42, 626; 1903.

Pellat, De la température absolue déduite du thermomètre normal.
C.-R. Acad. sci. 136, 809; 1903.

Meilink, On the measurement of very low temperatures. VII. Comparison of the platinum-thermometer with the hydrogen-thermometer.
Amsterdam, Proc. Sci. K. Akad. Wet., 7, 290; 1904.

Rabe, Ueber Messung von höheren Temperaturen in der Technik.
Köln, Chem.-Ztg. 28, 39; 1904.

Travers & Jacquerod, Ueber Temperaturmessung. Druckkoeffizient von Wasserstoff und Helium.
Z. phys. Chemie 45, 385; 1903.

— —. Dampfdruck von fl. Wasserstoff.
Z. phys. Chemie 45, 435; 1903.
Z. phys. Chemie 45, 416; 1903.

Rothe, Ueber die Herstellung und den Gebrauch von Pentanthermometern.
Z. f. Instr. 24, 47; 1904.

Jaeger & Steinwehr, Erhöhung der kalorimetrischen Meßgenauigkeit durch Anwendung von Platinthermometern.
Verhdl. Dtsch. phys. Ges. 5, 353; 1903.

Kamerlingh Onnes and Crommelin, Improvements of the protected thermo-elements, a battery of standard thermoelements and its use for thermo-electric determinations of temperatures.
Amsterdam, Proc. Sci. K. Acad. Wet. 6, 642; 1904.

Meilink, Comparison of the platinum-thermometer with the hydrogen-thermometer between 0^{0} and -209^{0}.
Amsterdam, Proc. Sci. K. Acad. Wet. 7, 290; 1904.

Thiesen, Ueber ein Platinthermometer.
Z. f. Instr. 23, 363; 1903.

Rykatschew, Justierung von Alkoholthermometern.
Ber. d. intern. meteorol. Kom., Vers. St. Petersburg 1899 (Berlin 1903, p. 67).

K. Arndt, Ueber die Bestimmung von Schmelzpunkten bei hohen Temperaturen.
Verhdl. Ver. Gewerbefl. 83, 265; 1904.

Le Chatelier & Boudouard, High temperatures measurements.
London 1904.

v. Pirani, Moderne Temperaturmessungen.
Mechaniker, 12 (217 u. 231); 1904.

Rabe, Ueber Messung höherer Temperaturen in der Technik.
Oest. Ztschr. f. Berg- u. Hütt.-Wes. 52, 142; 1904.

Schütz, Die neuesten Fortschritte in der Messung hoher Temperaturen.
Z. Ver. D. Ing. 48, 155; 1904.

Beckmann, Modifikation des Thermometers für die Bestimmung von Molekulargewichten und kleinen Temperatur-Differenzen.
Z. phys. Chemie 51, 329; 1905.

Chappius, Nouvelles études sur les thermomètres à gaz.
J. phys. (4) 3, 833; 1904.

Grützmacher, Ueber Tiefsee-Umkippthermometer.
Z. Instr. 24, 263; 1904.

Kühn, Thermometer mit verstellbarer Skala.
Chemie-Ztg. 28, 795; 1904.

Siebert, Ueber hochgradige Thermometer aus Quarzglas.
Z. Elektrochemie 10, 158; 1904.

Jacquerod et Perrot, Sur l'emploi de l'hélium comme subst. thermomètrique et sur sa diffusion à travers la silice.
C.-R. Acad. sci. 139, 789; 1904.

D. A. Goldhammer, Verwendung der Gesamthelligkeitsmessungen des strahlenden schwarzen Körpers zu Temperaturbestimmungen.
Ann. d. Phys. (4) 16, 648; 1905.

Brandes, Ueber ein Vakuum-Thermoelement.
Phys.-Z. 6, 503; 1905.

Callendar, Electrical methode of measuring temperatures.
Engineering 77 (336, 370, 402); 1904.

Campbell, On direct reading resistance-thermometer, with a note of composite thermo-cuples.
Proc. Phys. Soc. 19, 555; 1905.

J. Dewar, Ueber das Thermoelement zur Bestimmung tiefster Temperaturen.
Chem. News 92, 169; 1905.

Hartmann, A limitation in the use of the Wanner pyrometer.
Phys. Rev. N. Y. 19, 452; 1904.

Hausrath, Die Messung kleiner Temperatur-Differenzen mit Thermoelementen.
Ann. d. Phys. (4) 17, 735; 1905.

Hirschson, Neue thermoelektrische Pyrometer.
Chemie-Ztg. 29, 185; 1905.

Day and Allen, Temperatures measurements to 1600° C.
Phys. Rev. N. Y. 19, 177; 1904.

Haber & Richardt, Chemische Bestimmung von Flammentemperaturen.
Z. anorg. Chemie 38, 5—64; 1904.

Iklé, Optische Methoden zur Messung hoher Temperaturen.
Phys.-Z. 6, 450; 1905.

Chappius et Harker, Comparaison du thermomètre à résistance de platine avec le thermomètre à gaz.
Trav. du Bur. int. d. Poids et mes. 12, 1; 1902.

Travers and Gwyer, On the comparison of the platinum scale of temperatures between 444° and —190°.
Proc. R. Soc. 74, 528; 1905.

Bronn, Die Apparate und Methoden zur Messung hoher Temperaturen.
Z. angew. Chemie 18, 462; 1905.

Richards & Jackson, Methode der Eichung von Thermometern unter 0°.
Z. phys. Chemie 56, 362; 1906.

Holborn u. Valentiner, Vergleiche der optischen Temperaturskala mit dem Stickstoffthermometer bis 1600°.
Ann. d. Phys. (4) 22, 1; 1907.

—, Temperaturmessungen bis 1600° mit dem Stickstoffthermometer und dem Spektralphotometer.
Sitz.-Ber. Ak. Wiss. 811; 1906.

Kamerlingh Onnes, Low temperatures, XIII. Determ. with the hydrogen thermometer.
Amsterdam, Proc. Sci. K. Akad. Wet. 9, 367; 1906.

—, V. The expansion coefficient between +16° and —182°.
Amsterdam, Proc. Sci. K. Akad. Wet. 7, 674; 1905.

Nielsen, Sauerstoffthermometer.
Diss. Berlin, 64, 1906.

—, u. Stock, Ein einfaches und empfindliches Thermometer für tiefe Temperaturen.
Ber. Dtsch. chem. Ges. 39, 2066; 1906.

Ballois, La mesure des hauts températures.
Eclair. électr. 46, 484; 1902.

Bruger, Elektrische Widerstandsthermometer.
Elektrot. Ztschr. 27, 531; 1906.

Jaeger, Die Empfindlichkeit der Widerstandsthermometer.
Z. Instr. 26, 278; 1906.

—, Anwendungen des Platinthermometers bei kalorimetrischen Messungen.
Z. Instr. 26, 237; 1906.

W. Nernst & H. v. Wartenberg, Bemerkungen zum Gebrauch des Wanner-Pyrometers.
Verhdl. d. D. Phys. Ges. 8, 48; 1906.
Ber. d. D. Phys. Ges. 4, 146; 1906.

Kamerlingh Onnes & Clay, Low temperatures.
XI. A comp. of the platinum resistance thermometer with the hydrogen thermometer.
XII. dito with the gold resistance thermometer.
Amsterdam, Proc. Sci. K. Akad. Wet. 9, 207; 1906.

Rosset, Die Messung hoher Temperaturen in den elektrischen Laboratorien.
Centralbl. Akk., Groß-Lichterfelde 6 (23 u. 37); 1905.

Schaefer, Ein Vakuumthermoelement für Hertzsche Versuche.
Z. Instr. 25, 133; 1905.

v. Wartenberg, Bestimmung hoher Temperaturen mit Hilfe des chemischen Gleichgewichtes und der beiden Wärmesätze.
Verhdl. Dtsch. Phys. Ges. 8, 97; 1903.

Wanner, Einführung der Segerskala für die Messung hoher Temperaturen.
Stahl u. Eisen 24, 831; 1904.

Nernst, Helligkeit glühender schwarzer Körper und über ein einfaches Pyrometer.
Phys.-Z. 7, 380; 1906.

Meißner, Fehlerquelle bei thermoelektrischen Messungen.
Wien, Sitz.-Ber. Ak. Wiss. 115, Abt. II a, 847; 1906.

Travers und Gwyer, Der Vergleich des Platinthermometers mit dem Normalthermometer zwischen 444° und 190° C.
Z. phys. Chemie 52, 437; 1905.

D. Berthelot, Ueber das Gasthermometer und die Zurückführung ihrer Angaben auf die absolute Temperaturskala.
Trav. et Mém. du Bur. int. 13, 113; 1907;

Bechstein, Instrumente zur Bestimmung der Temperaturen für technische Zwecke.
D. Techn.-Ztg. 22 (133, 146, 161, 171, 184, 195); 1905.

Minchin, The coefficient of expansion of fused quartz.
Phys. Rev. 24, 1; 1907.

Adam, Bestimmung der Korrektionen des herausragenden Fadens von Quecksilberthermometern mit den Fadenthermometern.
Z. Instr. 27, 101; 1907.

Cario, Verhalten von Helium in Platiniridiumgefäßen bei hohen Temperaturen.
Diss. Halle 1907.

Hoffmann und Rothe, Ausdehnung des technischen Pantans in tiefen Temperaturen und die Skala der Pantanthermometer.
Z. Instr. 27, 265; 1907.

C. Dickinson and F. Mueller, Kalorimetrische Widerstandsthermometer.
J. Amer. chem. soc. 29, 1381; 1907.
Bull. Bur. of Stand. 3, 641; 1907.

Kamerlingh Onnes u. Heuse, Messung sehr tiefer Temperaturen, Ausdehnungskoeffizient des Jenenser und Thüringer Glases zwischen $+16^{0}$ und -182^{0}.
Z. kompr. Gase 10, 71; 1907.

P. Chappius, Neue Studien über das Gasthermometer.
Trav. Mém. du bur. int. des poids et mes. 13, 66; 1907.

Ballois, Pyrom. thermoélectriques.
Eclair. électr. 48, 372; 1906.

Haagn, Quarzglaswiderstandsthermometer bis 900^{0}.
Z. angew. Chemie 20, 565; 1907.

Heraeus, Quarzglaswiderstandsthermometer.
Uhlands Techn. Rdsch. 21, 30; 1907.

Kamerlingh Onnes u. Crommelin, Messung sehr tiefer Temperaturen.
Z. kompr. Gase 9 (35, 56, 72, 88, 163, 187); 1905—1906.

Loebe, Eine neue Drahtmethode zur Eichung von Thermoelementen.
Z. Elektroch. 13, 592; 1907.

Loeser, Schmelzerscheinungen der Segerkegel.
Tonind.-Z. 31 (1404 u. 1416); 1907.

Rothe, Erweichungstemperaturen und Prüfung von Segerkegeln.
t. c. (p. 1366).

Warburg, Leithäuser u. Johannsen, Vakuumbolometer.
Ann. d. Phys. 24, 25; 1907.

Kamerlingh Onnes, Braak and Clay, Low temperatures. XVII. Determ. with the hydrogen thermometer and the resistance thermometer.
Amsterdam, Proc. Sci. K. Akad. Wet. 10, 422; 1908.

Kühn, Hautrisse und Sprünge in Thermometern.
Chem.-Ztg. 32, 985; 1908.

Bruger, Elektrische Methoden der Temperaturmessungen.
Frankf. a. M., Jahresber. phys. Ver. 1906—1907. (48); 1908.

Day und Clement, Einige neue Messungen mit dem Gasthermometer.
Sill. Journal 7. (4) 26, 405; 1908.

Kamerlingh Onnes and Clay, Low temperatures. XXII. The thermo-element gold-silver at liquid oxygen temperatures.
Amsterdam, Proc. Sci. K. Akad. Wet. 11, 344; 1908.

Barnes and Day, The use of the Bunsen ice calorim. for accurate heat measurements.
Phys. Rev. N.Y. 26, 203; 1908.

Dickinson and Mueller, Calibration of calorimetric platinum resistance thermometer.
Phys. Rev. N.Y. 24, 529; 1907.

Jochum, Pyrometrische Versuche mit Segerschen Probekegeln.
In Segers ges. Schriften: (849).

Seger, Pyrometer und Messung hoher Temperaturen, Segerkegel.
t. c. (178).

—, Bestimmung der Ofentemperaturen mit den Pyroskopenkegeln.
t. c. (845).

—, Zur Frage der Normalkegel.
t. c. (847).

—, Pyrometrische Messungen.
t. c. (852).

Kamerlingh Onnes, Low temperatures.
XIX. Derivation of the pressure coefficient of helium for the intern. helium thermometer and the reduction of the readings of the helium thermometer to the absolute scale.
Amsterdam, Proc. Sci. K. Akad. Wet. 10, 589; 1908.

Kamerlingh Onnes and Braak, Low temperatures.
XVIII. The determ. of the absolute zero according to the hydrogen thermometer of constant vol. and the reduction of the readings on the normal hydrogen thermometer to the absolute scale.
Amsterdam, Proc. Sci. K. Akad. Wet. 10, 429; 1908.

— —, Low temperatures.
XX. Influence of the deviations of the law of Boyle-Charles on the temperatures measured on the scale of the gas thermometer of constant volume.
Amsterdam, Proc. Sci. K. Akad. Wet. 10, 743; 1908.

W. Meißner, Ueber die Korrektionen für Einschlußthermometer mit Erweiterungsstellen in der Kapillare.
Ztschr. f. Instr. 29, 93; 1909.

Holborn & Henning, Ueber das Platinthermometer . . .
Ann. d. Phys. (4) 26, 833; 1908.

H. Schmidt, Prüfung der Strahlungsgesetze der Bunsenflamme.
Ann. d. Phys. (4) 29, 971; 1909.

S. Valentiner, Vergleiche der Temperaturmessungen nach dem Stefan-Boltzmannschen-Gesetz mit der Skala des Stickstoffthermometers bis 1600°.
Ann. d. Phys. (4) 31, 275; 1910.

S. Johansen, Ueber die Vakuumthermosäule als Strahlungsmesser.
Ann. d. Phys. (4) 33, 517; 1910.

E. Thürmel, das Lummer-Pringsheimsche Spektralflickerphotometer als optisches Pyrometer.
Ann. d. Phys. (4) 33, 1139; 1910.

H. Kamerlingh Onnes and Braak, Low temperatures.
XXI. On the standardizing of temperatures by means of boiling points of pure substances.
Onnes Comm. Leiden, 107, 3; 1908.

D. Berthelot, Sur les thermomètres à gaz.
Trav. et Mém. du Bur. intern. 13, B 113 S., 1907.

Kamerlingh Onnes, Low temperatures.
XIX. Derivation of the pressure coefficient of helium and reduction of the readings on the helium thermometer to the absolute scale.
Proc. Amsterdam, 10, 589; 1908.

A. L. Day and R. B. Sosman, The Nitrogen Thermometer from Zinc to Palladium.
Sill. Journ. (4) 29, 23; 1910.

H. F. Wiebe, Ueber Kompensationsthermometer.
Ztschr. f. Instr. 30, 245; 1910.

J. Duclaux et A. Hamelin,
Journ. de Phys. (4) 9, 600; 1910.

F. Henning, Spektralpyrometer.
Ztschr. f. Instr. 30, 61; 1910.

S. Valentiner, Vergleiche der Temperaturmessung nach dem Stefan-Boltzmannschen Gesetz mit der Skala des Stickstoffthermometers bis 1600°.
Ann. d. Phys. (4) 31, 275; 1910.

M. v. Pirani, Ueber die Messung der wahren Temperatur von Metallen.
Verhdl. d. Dtsch. Phys. Ges. 12, 301; 1910.

LOUIS BORCHARDT
BERLIN SW. 68
LINDENSTRASSE 16-17

www.ingramcontent.com/pod-product-compliance
Lightning Source LLC
LaVergne TN
LVHW060622300926
849162LV00008B/1682